KB123126

별하늘이 좋아

초판 인쇄일 2018년 12월 14일
초판 발행일 2018년 12월 24일

지은이 고마이 니나코
옮긴이 최춘성
발행인 박정모
등록번호 제9-295호
발행처 도서출판 **혜지원**
주소 (10881) 경기도 파주시 회동길 445-4(문발동 638) 302호
전화 031) 955-9221~5 팩스 031) 955-9220
홈페이지 www.hyejiwon.co.kr

기획 최춘성
진행 최춘성, 박민혁
디자인 조수안
영업마케팅 김남권, 황대일, 서지영
ISBN 978-89-8379-977-7
정가 13,000원

Original Japanese title: HOSHIZORA GA MOTTO SUKININARU New Edition!
© Ninako Komai 2018
Original Japanese adition published by Seibundo Shinkosha Publishing Co., Ltd.
Korean translation rights arranged with Seibundo Shinkosha Publishing Co., Ltd.
through The English Agency(Japan) Ltd. and Duran Kim Agency

이 도서의 국립중앙도서관 출판예정도서목록(CIP)은 서지정보유통지원시스템 홈페이지(http://seoji.nl.go.kr)와
국가자료공동목록시스템(http://www.nl.go.kr/kolisnet)에서 이용하실 수 있습니다.(CIP제어번호: CIP2018039352)

별하늘이 좋아

혜지원

Prologue

별하늘 산책이라는 말을 들어 본 적이 있나요?
별을 보면서 밤하늘을 마음껏 돌아다니는 상상 속의 산책입니다.
사람은 상상을 통해 어떤 탈것보다도 빠르고 멀리까지 여행할 수 있습니다.

하늘 가득 채워진 별은 물론이고,
멀리 거리의 불빛이 작게 보이거나
주위 나무들이 희미하게 보이는 별하늘도 매력적입니다.
동물이나 식물의 숨결을 느끼면서
왜 이 우주에 태어나고
이렇게 지구에 서서 밤하늘을 보고 있을까 하고
상상해 보기도 합니다.
그럴 때면 늘 왠지 애달픈 그리움을 계절의 바람에 느낍니다.

땅 위에서는 다양한 일이 일어나지만
밤하늘의 별은 늘 변함없이 반짝입니다.
오늘 밤 저와 함께 별하늘 산책을 나가 보실래요?

고마이 니나코

파랗던 한낮의 하늘이
서서히 붉게 물들어 갑니다.
달빛이 점점 차오르고
밝은 별이 눈에 들어올 즈음
단숨에 짙은 어둠이 다가옵니다.
지구에서 볼 수 있는
가장 아름다운 경치 중 하나라고 생각합니다.

달의 존재로 인하여
사람은 우주를 지향했을까요?
십오야(十五夜), 망월(望月)……
달을 보며 즐기는 말은 풍부합니다.
당연한 듯 달을 바라보지만
만약 지구에 달이 없다면
하늘은 분명 쓸쓸했을 것입니다.

쏟아질 듯한 별하늘 아래에서는
은하수의 위세에 압도당합니다.
고요해 보이는 별하늘이지만
다이나믹한 활동을 반복하고 있음을
새삼 느낍니다.

땅바닥에 드러누워

풀 내음에 둘러싸여

하늘을 올려다보면

계절의 벌레 우는 소리와

바람의 향기가 다르다는 것을 느낍니다.

그리고 풍요로운 생명을 태운

작은 이 별에 대해

천천히 생각을 펼칩니다.

인공의 빛이 없는 장소에서 보는 별하늘은
하늘과의 구분이 희미해서
우주에 녹아든 듯합니다.
이윽고
동쪽 하늘이 서서히 밝아지며
하늘을 가득 채웠던 별들은
아침의 빛 속으로 하나둘씩 사라져 갑니다.

contents

③ 별을 보는 방법

④ 온 하늘의 별을 보고 싶어

⑤ 별하늘의 사진을 찍자

⑥ 한 걸음 더! 쌍안경과 천체망원경

별하늘을 올려다보기

오랜 옛날부터 사람은 끊임없이 별하늘을 올려다보았습니다.

밝은 도시에서는 볼 수 있는, 별의 수가 상당히 줄었지만 별은 어디서든 보입니다.

즐겁고 자유롭게 별을 보는 이미지를 키우시면 좋겠습니다.

별하늘을 보는 즐거움

날이 저물 무렵, 하늘의 색이 부쩍 변화를 보입니다. 계절에 따라 석양의 색도 달라져서 결코 싫증을 느낄 수 없는 광경입니다. 경치가 아름다운 장소에 갈 수 없는 날도, 못 가는 사람도, 공평하게 볼 수 있는 지구에서 가장 아름다운 광경의 하나가 해지는 낙조의 찬란한 변화와 밤하늘에 별이 떠오르는 아름다움입니다.

이윽고 동쪽부터 어둠이 내려앉고 첫 별이 단숨에 빛을 늘려 갑니다. 시간의 흐름에 따라 별들이 생기있게 빛을 내기 시작합니다.

밝은 별이 몇 개 보이는 시점에서부터 별과 별을 이어서 어떤 형태인지 더듬어 보면 별이 이어져 보이는 것 같은 느낌이 듭니다.

여기에서 별자리가 나설 차례입니다.

오리온자리나 큰곰자리의 북두칠성과 같이 제대로 형태가 갖추어진 별자리도 있습니다. 옛사람들이 의미를 가지고 별이 늘어서 있다고 생각한 것도 수긍이 됩니다.

그럴 때 아주 오래 전의, 역사 책에서밖에 알지 못하는 시대를 살아온 사람들도, 분명 이렇게 똑같이 별을 바라보았구나 하고 떠올려 봅니다.

바다에 둘러싸인 우리나라나 이웃 일본에서는 어부나 농부에게 또는 나그네에게 새벽이 오는 시간을 알려 주었던 별이, 먼 대륙에서는 강의 범람을 알렸다고 합니다. 별하늘은 커다란 시계가 되거나 달력이 되기도 하고 또한 사람들에게 피곤한 마음을 치유하면서 늘 사람과 함께 했습니다.

이제는 사진 촬영을 쉽게 할 수 있게 되어 별하늘 사진을 자주 볼 수 있게 되었습니다. 사람에 따라 경치를 바라보는 방식이나 시점도 달라서 늘 새로운 발견이라며 감탄합니다.

맑게 개인 밤에는 별하늘 산책을 나가 보세요. 멀리 거리의 불빛이 작아지거나 나무들이 어렴풋이 보이면 별하늘뿐만 아니라 사람의 생활이나 동식물의 숨결이 느껴지는 듯이 오감이 예민해집니다.

여러분이 살고 있는 곳에서는 별이 얼마나 보이나요?

어디에서 볼까?

하늘 가득 별이 보이는 곳으로 나가고 싶어도 평소에는 좀처럼 쉽지 않습니다. 그렇다면 발상을 조금 전환하여 살고 있는 장소에서 가볍게 별을 즐겨 보세요. 특히 달은 어디에 있어도 잘 보입니다. 달이 없는 밤에는 밝은 별을 헤아려 보세요. 계절에 따라 밝게 보이는 별의 수가 달라서 분명 계절의 변화를 느낄 수 있을 거예요.

더 많은 별이 보고 싶어지면 집 근처에 자신만의 별보기 포인트를 찾아보세요. 걸어서 갈 수 있는 곳, 차를 타고 갈 수 있는 곳 등, 지금까지 알지 못했던 숨겨진 장소가 있을지도 몰라요. 높은 건물이 없고, 되도록 탁 트인 장소를 찾아보세요. 어느 곳에서 유유히 별을 보고 싶다는 생각이 들면 그곳이 바로 여러분만의 별보기 포인트가 됩니다.

불빛이 적어지면 밤길의 위험도 증가하니 조심하세요. 무엇보다 안전이 우선입니다.

베란다

정원이나 베란다에 나가면 방보다 시야가 더 넓어집니다. 의자를 꺼내 앉아 느긋하게 즐기세요.

방

방에서 볼 때는 방안의 불을 모두 끄고 창문을 열어 보세요. 단, 벌레가 들어올 수 있으니 주의하세요.

공원

저녁에 첫 별을 보면서 산책. 잠시 앉아 바라보고 싶을 때 들러 보세요. 되도록 여럿이 같이 말이죠.

귀갓길

학교나 근무를 마치고 집으로 돌아가는 길에 올려다보면 별이 계속 따라올 거예요. 귀갓길이 즐거워집니다.

옥상

주위 건물에 방해받지 않기 때문에 하늘을 휘 둘러볼 수 있습니다. 옥상에서 모임을 여는 일도 있습니다.

논밭

논밭이 펼쳐진 곳에서는 별이 잘 보입니다. 간혹 삼각대를 꺼내어 사진을 촬영하는 사람을 만날지도 몰라요.

산이나 캠핑장

별을 보기에는 안성맞춤인 장소입니다. 야외에서의 식사나 자연관찰 등도 함께 즐겨 보세요.

언덕이나 제방

시야가 막히지 않으니 근처에 있다면 꼭 가 보세요. 겨울철에는 추위에 대비해 따뜻한 차림으로 나가세요.

도시와 교외에서 별을 보는 방법

도시에서 별을 보는 방법

도시에서는 별이 잘 보이지 않으니 플라네타륨(반구형의 천장에 설치된 스크린에 달, 태양, 행성을 투영하는 장치)으로 본다고 이야기하는 사람이 있는데, 괜찮습니다. 도시에서도 밝은 별은 빌딩들 틈으로 보입니다. 불빛을 피하면 조금 더 잘 보입니다. 손으로 가려 건물의 불빛을 차단하는 것만으로도 상당히 다릅니다. 조금 이상한 모습일 수 있지만, 통처럼 생긴 것으로 하늘을 엿보듯이 보면 훨씬 잘 보입니다. 손바닥을 망원경처럼 해서 보는 것도 좋습니다. 도시에서도 한적한 주택가에 가면 북극성이 잘 보이며, 든든하게 북쪽을 가리킵니다. 장소에 따라 보이는 별의 수가 다르니 포기하지 말고 여기저기 산책을 해 보세요.

밝은 하늘에서도 보이니 분명 어느 거리에서나 보일 것입니다. 여러분이 있는 곳에서도 말이죠.

도시에서도 밝은 별은 볼 수 있습니다. 되도록 하늘 높이 올라간 별을 찾아보세요. 화창한 밤에는 의외로 많이 보이는 것을 알 수 있습니다. 달은 밝고 변화가 크니 추천합니다.

교외에서 별을 보는 방법

거리의 불빛이 적은 교외에서는 도시에 비해 보이는 별의 수가 훨씬 늘어납니다. 그래도 어두운 별까지는 보이지 않으니 별자리를 찾기에는 적당할 수 있습니다. 하늘 가득 빼곡한 모든 별이 선명히 밝게 빛난다면 별과 별을 엮어서 별자리를 찾기가 쉽지 않기 때문입니다. 그러니 교외에서는 별자리를 찾는 즐거움을 느껴 보세요.

교외라도 중심부는 불빛이 제법 있지만 조금만 벗어나면 논밭이 펼쳐져서 한눈에 별을 볼 수 있습니다. 중심부에서 벗어나면서 하늘이 되살아나는 것을 느낍니다. 안드로메다자리나 오리온자리에 어렴풋이 떠 있는 성운까지 보이는 날도 있습니다. 성운을 볼 때는 장소를 확인하고 나서 일단 눈을 조금 피하고 눈꼬리로 보는 것이 포인트입니다. 밤하늘에 곁눈질. 눈의 감도는 중심보다 끝 쪽이 좋습니다.

교외에서는 별자리를 무심히 찾아볼 수 있습니다. 계절에 따라 보이는 별자리가 달라져서 별하늘을 올려다보면 하늘에서 계절을 느끼기도 합니다. 계절마다 별자리를 하나 정도는 알아 두어도 좋아요.

※ 성운 : 어렴풋하게 구름 모양으로 퍼져 있는 천체. 기체와 작은 고체 입자로 구성되어 있다.

언제 별을 보나요?

혼자서 보기

가령 하루를 마치고 역까지 걷는 길에서 문득 별을 올려다보고 싶어집니다. 주변에서 벗어나 사적인 공간에 접어드는 시간입니다. 조금 피곤하다고 느낄 때 무심코 하늘을 보게 되는 건 왜일까요? 지상에서 다양한 일이 벌어져도 하늘에서는 변함없이 별이 빛나고 있고, 한숨 돌린다고 할까, 일상을 벗어나 우주에 붕 떠 있는 기분을 느낄수 있기 때문인지……. 희미하게 밝은 첫 별, 그 주위에 가느다란 초승달이 있다면 저물 때까지 보고 싶어집니다.

여름은 밤바람이 기분 좋아 별을 보면서 계속해서 걷고 싶은 기분이 듭니다. 겨울은 춥지만 해가 지는 시간이 빠르고, 별이 반짝반짝 빛나 보이는 계절입니다. 혼자 걷고 있으면 계절의 변화를 느끼면서 마음껏 별하늘에 젖어들 수 있습니다.

저녁 휴식 시간에 별하늘을 보세요.
걱정이 말끔히 사라질지도 몰라요.

멍하니 별을 보고 있으면 마음이 차분해집니다.
하루의 마무리로 어떤가요?

> **Note**
>
> 길을 걸으면서 하늘을 올려다봅니다. 늘 다니던 큰길에서 한 발짝 들어간 샛길에서 밝은 별을 찾으면 근처 벤치에서 바라보거나 발걸음이 향하는대로 움직일 수 있는 것이 혼자서 볼 때 좋은 점입니다.
> 동네 공원은 넓고 오를 수 있는 나무가 있어 하늘을 빙 둘러볼 수 있습니다. 아이들이 돌아올 무렵이면 반려견의 산책 장소이기도 해서 항상 북적입니다. 아이들과 왁자지껄 첫 별을 찾기도 하지요. 여기에서 올려다보는 하늘을 좋아합니다.

둘이서 보기

맑은 하늘에 별이 선명하게 보이면 누군가를 불러 함께 보고 싶었던 경험이 있지 않나요? 별이 보이는 곳에서 느긋하게 이야기하는 것도 좋습니다. 평소 하기 힘들었던 말도 별하늘 아래에서는 할 수 있을 것만 같은 기분입니다. 그러는 사이 이야기가 우주에까지 닿으면 고민거리도 작게 느껴지고, 또 미소지을 수 있을지도 모릅니다.

만약 옆에 있는 사람이 특별히 소중한 사람이라면 함께 본 하늘은 조금은 로맨틱하게 느껴질지도 몰라요. 잠시 헤어져 있을지라도 저 별을 보자며 약속하면 멀리 있어도 하늘에서 계속 이어져 있는 기분이 들거나……

저는 할머니와 본 별을 잊을 수가 없습니다. 툇마루에서 별을 보면서 얼굴도 모르는 할아버지에 대한 이야기를 저에게 들려주었습니다. 할머니는 별을 보면서 매일 밤 할아버지와 대화를 나누고 있다고 생각했습니다. 지금은 제가 밤하늘을 올려다보면서 할머니나 엄마를 종종 떠올립니다.

함께 본 별하늘이 둘의 추억이 되면 좋겠습니다. 별똥별이 떨어지기를.

별하늘 아래에 있으면 서로 얼굴이 잘 보이지 않아서 솔직하게 이야기할 수 있을 거예요.

Note

가끔은 친구와 제방이나 공원 같은 조용한 장소에서 별하늘을 보면서 느긋하게 이야기하는 것도 좋습니다. 시간이 천천히 흘러갑니다.
멋진 경관이 보이는 장소를 알려 주면 어릴 적 비밀기지가 떠올라 반가워집니다. 첫 별이나 아름다운 저녁노을의 감동을 서로 나누어 가질 수 있는 것도 둘이기 때문입니다. 반려견과 공원 벤치에서 하늘을 바라보는 것도 멋진 시간이 될 것 같네요.

여럿이서 보기

여럿이서 별하늘 아래로 몰려나가는 것도 즐겁습니다. 약속을 잡고 있는 무렵부터 즐거운 시간이 시작됩니다. 바비큐와 요리가 가능한 장소에 식재료를 가지고 모이면 서로 생각지 못한 발견을 할 수 있어 이것 또한 즐겁습니다. 한번은 돼지고기 국물 요리에서 튀김이 나와서 놀라기도 했습니다. 별을 보면서 크게 웃었습니다.

별을 좋아하는 동료끼리 나가 매니아의 이야기를 듣는 것도 즐거운 시간입니다. 저는 직접 만든 큰 망원경으로 별을 보여 주는 것을 좋아하는데, 기자재를 가져오지 못하게 하는 일도 있습니다. 느긋하게 별하늘과 대치하는 한때입니다.

학창시절에 친구와 캠핑을 갔을 때 일출을 보고 싶어서 슬그머니 텐트 밖으로 나와 보니 친구도 나와 있어서 둘이 조용히 하루가 시작되는 광경을 본 적도 있습니다. 아무 말도 하지 않았지만 특별한 끈으로 이어져 있는 듯한 시간이었습니다.

가족끼리 보는 별하늘. 일상의 틈으로 문득 별이 들어오는 것은 첫 별을 발견했을 때였다고 생각합니다.

수프나 국물을 마시면 몸속까지 따뜻해집니다. 요리에 맞는 식재료를 가지고 모이세요.

Note

자연을 즐기면서 하는 하이킹이나 한껏 몸을 사용하는 운동으로 달아오른 밤, 느긋하게 별을 보고 싶습니다. 캠핑장 등 요리와 대화를 함께 즐길 수 있는 장소는 편리합니다.

밤에는 폭신폭신한 담요를 두르고, 모두 드러누워 별을 올려다보고 싶습니다. 모두의 대화를 배경음악으로 별을 바라보는 사람, 별에서 떨어져 대화를 즐기는 사람, 내일을 대비해 일찍 꿈을 꾸는 사람, 여러 사람들이 있어 즐겁습니다.

별을 볼 때 듣기 좋은 음악

플라네타륨(천상의)이나 별하늘 아래에서 듣고 싶은 곡의 신청을 받은 적이 있습니다. 계절이나 나이에 따라 신청곡의 폭도 넓고, 어떤 마음으로 별을 보거나 음악을 들을까 하고 상상했습니다.

별이 보이는 밤, 운전을 하면서 플라네타륨에서 흘러나오는 음악을 듣는 일도 있습니다. 어느 쪽이나 별하늘에 딱 맞아 좋다고 생각하면서 팝 뮤직부터 클래식까지 정해진 장르가 아니라 다양한 음악을 듣고 있습니다.

여기서는 대중음악을 중심으로 소개합니다. 제가 오늘 밤 듣고 싶은 음악에는 강직한 용기를 준 사람을 떠올리는 소중한 곡도 포함되어 있습니다. 비 오는 날 등 별이 보이지 않는 시간에는 음악과 함께 칠흑의 우주로 상상을 펼칩니다.

🌟 저자가 오늘 밤 듣고 싶은 음악
- Michael Jackson <Heal the world>
- Curly Giraffe <Dear friend>
- 스키마스위치(スキマスイッチ) <SL9>
- Bump of chicken <천체관측>
- Gipsy Kings <Inspiration>
- Chen Min <Feel the moon>
- Origa <Polyushko-pole>

🌟 편집 담당자에게도 물어보았습니다.
- Urmas Sisask <"Pleiades" from Starry Sky Cycle No.1 Northern Sky Op. 10>
- Nils Landgren <The Moon, The Stars And You>
- 데라오 사호(寺尾沙穂) <타원의 꿈(楕円の夢)>
- ZABADAK <작은 우주(小さい宇宙)>

2

별에 대해 알아보기

반짝반짝 빛나는 별을 바라보는 것만으로 행복해지는데, 밤하늘에 대해 조금 알면 세상이 넓어지는 기분이 듭니다. 우주는 한없이 펼쳐져 있습니다. 여기에 서는 그 입구를 조금 이야기해 나가겠습니다.

별의 종류

밤하늘의 별과 달, 태양, 우리들이 사는 지구는 어디가 다를까요? 그래서 크게 '항성', '혹성', '위성'과 같이 세 가지로 나누어 정리했습니다.

먼저 별자리를 만드는 별들. 이들은 항상 움직이지 않는 별이라는 의미로 '항성'이라 불리고 있습니다. 옛사람들은 움직이지 않는 별과 별을 이어 별자리를 만들어 냈습니다. 항성은 스스로 빛이나 열을 내어 반짝입니다. 태양은 항성. 낮의 태양은 밤의 별과 동료인 것입니다.

항성의 주위를 도는 것은 혹성입니다. 별자리의 별 사이를 갈팡대듯 움직입니다. 지구는 태양 주위를 도는 혹성이며, 여덟 자매(형제일지도)입니다. 특히 지구에 가까운 다섯 개의 혹성은 태양의 빛을 받아 밝게 빛나서, 며칠 동안 보고 있으면 항성 사이를 움직인다는 것을 알 수 있습니다. 혹성은 밝고 색도 다양해서 즐겁습니다.

혹성 주위를 도는 것이 '위성'입니다. 달은 지구의 유일한 위성입니다. 지구와 가까워서 가장 친근한 천체입니다.

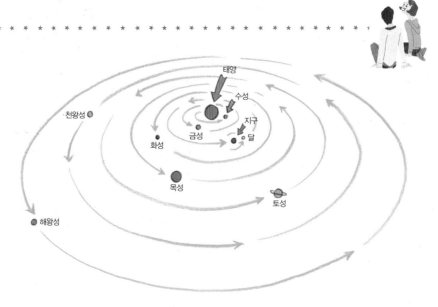

태양을 중심으로 8개의 혹성이 돌고 있으며, 지구는 태양에서 세 번째 위치에서 공전하고 있습니다. 이들 혹성과 그 위성을 일컬어 '태양계'라고 부릅니다. 태양계는 은하계라는 천억 개 이상인 항성의 대집단 끝에 있습니다. 별의 대집단인 은하는 우주에 무수히 많습니다.

혹성의 종류

금성, 화성, 목성, 토성은 특히 밝게 보입니다. 매일 보고 있으면 조금씩 별자리의 별들 사이를 떠도는 것처럼 움직이는 것을 알 수 있습니다. 수성은 태양과 가까워 찾기 어려울 수 있습니다.

수성

태양에 가깝고 가혹한 환경 때문에 탐사가 어렵다. 표면 온도는 −170~430℃. 미국 탐사선 베이비 콜롬보의 관측에 기대를 걸고 있다.

금성

지구와 거의 같은 크기이며, 달처럼 차고 이지러지듯이 보인다. 이산화탄소의 온실 효과로 표면 온도는 500℃ 정도이다.

화성

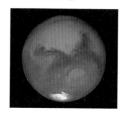

표면 흙의 산화철로 붉게 보인다. 극에 드라이아이스의 얼음이 있다. 높이가 25,000미터인 올림푸스산은 태양계 최대의 산이다.

목성

태양계 최대의 혹성. 태양의 성분과 같은 수소와 헬륨으로 되어 있다. 천체망원경을 사용하면 표면의 줄무늬를 즐길 수 있다.

토성

커다란 고리를 가진 혹성. 고리는 얇기 때문에 토성의 기울기에 따라 15년마다 보이지 않게 된다.

천왕성

파랗게 보이는 혹성. 6등성이어서 조건이 좋은 하늘에서는 눈이 좋은 사람이라면 발견할 수도 있다. 유일하게 누워서 자전한다.

해왕성

메탄이 붉은색을 흡수하여 파랗게 보이는, 태양계에서 가장 외곽에 있는 혹성이다. 보이저 2호가 1989년에 탐사했다.

※사진제공 : NASA

별의 크기

우리에게 지구는 아주 크게 느껴지는데, 태양계 최대인 목성은 직경이 지구의 약 11 배나 됩니다. 질량은 다른 일곱 개의 혹성을 모두 합해도 두 배 이상입니다.

혹성에 비해 항성은 스케일이 다릅니다. 태양의 질량은 태양계의 모든 혹성을 합한 질량보다 훨씬 큰데, 목성의 약 천 배에 이릅니다. 게다가 은하계 중에는 태양보다 훨씬 큰 항성이 많은데, 가령 여름이라면 전갈자리의 안타레스, 겨울이라면 오리온자리의 베텔게우스 등 여러 개를 찾아볼 수 있습니다. 모두 질량이 태양의 수백 배나 되는데, 빛의 속도로 수백 년이나 걸리는 곳에 있기 때문에 빛의 점으로밖에 보이지 않습니다.

은하계 밖에는 더 많은 은하(항성의 대집단)가 무수히 많습니다. 그렇게 많은 별이 있지만 현재 생명체가 확인된 별은 지구뿐입니다.

* *

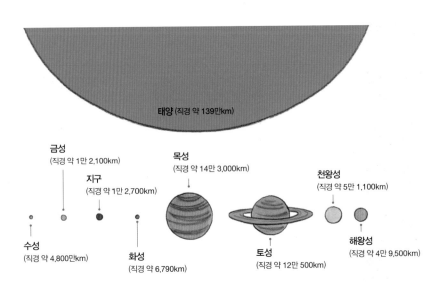

태양 (직경 약 139만km)

금성
(직경 약 1만 2,100km)

지구
(직경 약 1만 2,700km)

목성
(직경 약 14만 3,000km)

천왕성
(직경 약 5만 1,100km)

수성
(직경 약 4,800만km)

화성
(직경 약 6,790km)

토성
(직경 약 12만 500km)

해왕성
(직경 약 4만 9,500km)

태양과 혹성의 크기

태양은 지구 직경의 약 100배 이상인데, 이 태양 직경의 약 230배나 되는 것이 전갈자리의 안타레스입니다. 밤하늘에 떠 있는 작은 점으로 보이는 별이 이렇게나 크다니, 상상조차 하기 힘든 일이네요.

별의 밝기

빌의 이름이나 빌사리를 모를 때는 별의 밝기 차이를 즐기는 것도 한 재미입니다.

별의 밝기에 주목해서 숫자로 표기한 사람은 2000년 이상 전에 살았던 그리스의 천문학자인 히파르코스입니다. 눈으로 볼 수 있는 가장 밝은 별을 1등성, 눈으로 볼 수 있는 가장 어두운 별을 6등성으로 구분하였는데, 지금까지도 쓰이고 있습니다. 1등성보다 밝은 별은 0이나 마이너스 기호를 사용하여 표시합니다. 작아도 지구에 가까운 별은 밝게 보입니다. 도시에서는 2등성이나 3등성 정도까지 보이는데, 4등성뿐인 별자리는 보기 어려울 수도 있습니다. 나간 곳에서 보이는 별의 수를 헤아려 보세요.

이번에는 밝고 눈에 띄는 별을 골라서 색을 비교해 보세요. 쌍안경을 사용하면 색의 차이를 쉽게 알 수 있습니다. 별은 희거나 노랗다고 생각할 수도 있지만, 불그스름한 별, 크림색의 별, 푸른 별 등 자주 보면 꽤 컬러풀합니다.

★ **1등성 이상**	별자리를 만드는 별로 가장 밝습니다. 0등이나 −1등도 모두 1등성으로 표현하는 일도 있습니다. 합쳐서 모두 21개입니다.	
★ **2등성**	1등성보다 2.5배 어두운 별. 도시에서도 맑은 날에는 잘 볼 수 있습니다. 천체에 67개가 있습니다.	
✳ **3등성**	교외에서는 이 정도까지 볼 수 있습니다. 하지만 장소에 따라서는 보지 못할 수도 있습니다. 천체에 190개 정도가 있습니다.	
✶ **4등성**	가끔씩 교외에서도 볼 수 있습니다. 약 710개가 있습니다.	
· **5등성**	시력과 하늘의 조건이 좋지 않으면 볼 수 없습니다. 한 손에 별지도(성도)를 들고 도전해 보세요. 모두 2,000개 정도가 있습니다.	
· **6등성**	눈으로 보이는 항성으로는 가장 어두운 별입니다. 1등성의 100분의 1의 밝기입니다. 쌍안경을 사용해 보세요. 모두 5,600개 정도입니다.	

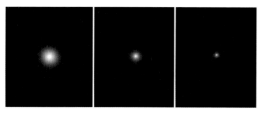

※ 참고로 3장의 66~104페이지는 위 기호를 사용해서 별을 표시하며, 별자리를 소개합니다.

첫 번째의 푸르스름한 별이 시리우스, 가운데 노란 별은 마차부자리의 카펠라, 세 번째 오렌지색으로 빛나는 별은 오리온자리의 베텔게우스

첫 별과 샛별

태양이 저물고 머지않아 어렴풋이 밝은 하늘에 가장 먼저 보이는 별이 '첫 별'입니다. 되도록 먼 곳을 본다는 느낌으로 찾아보세요. 하늘이 어두워짐에 따라 두 번째 별, 세 번째 별도 볼 수 있습니다.

특히 금성은 하늘을 올려다보는 일이 적은 사람이라도 문득 시선을 빼앗길 만큼 금색으로 밝게 빛납니다. 이 때문에 금성=첫 별이라고 생각하는 사람이 많을지도 모르겠습니다. 금성이 첫 별일 때는 '태백성'이라고 불립니다(금성은 새벽 하늘에 보이는 일도 있는데, 이때는 '샛별'이라고 부릅니다).

사실 첫 별은 별자리의 1등성이거나, 혹성이거나, 계절에 따라 달라집니다. 시간에 여유가 있는 날이라면 별자리를 알 수 있을 정도로 별이 보일 때까지 기다려 보세요. 그리고 이 책의 64페이지에서부터 나오는 별자리를 찾는 방법을 참고로 어느 별자리의 별인지 찾아보세요. 만약 실려 있지 않은 밝은 별이라면 분명 혹성입니다.

* *

첫 별의 종류

특별히 정해진 별은 없으며, 별자리를 만드는 밝은 별이나 혹성이 첫 별이 됩니다. 익숙해지면 별자리의 별이라면 계절로, 혹성이라면 색과 밝기로 자연스럽게 알 수 있게 됩니다.

달 아래에 보이는 이날의 첫 별은 태백성(금성)입니다.

달

    가장 가까운 밤하늘의 천체는 누가 뭐래도 달입니다. 별을 보는 방법을 몰라도 달은 쉽게 찾을 수 있습니다. 주기적으로 형태나 하늘에 보이는 위치가 변하는데, 이를 기준으로 삼은 달력이 월력입니다. 또 초승달을 달력으로 했던 기록도 남아 있습니다. 봄과 가을의 초승달은 기울기가 다릅니다. 망원경이 없어도 표면의 모양까지 볼 수 있는 것도 매력의 하나입니다.

    달과 관련된 말이 화제가 되는 경우도 있습니다. 블루문은 그 달의 두 번째 보름달입니다. 또 우리보다 위도가 높은 영국 등에서는 지평선 가까이에서 붉은 기운이 감도는 달을 '스트로베리 문(Strawberry moon)'이라고 부르기도 합니다. 윤기가 흐르고 맛있을 것 같은 이름이지만 의미는 잘 알아본 후에 사용하세요. 재미있을 것 같으면 거기서부터 이리저리 찾아보시기 바랍니다.

    그런데, 달은 어느 정도의 크기로 보이나요? 낮게 보일 때에는 지상의 경치와 비교하기 때문인지 커 보이는 느낌입니다. 꼭 보름달이 뜬 밤에 크기를 알아보세요. 의외로 작지 않나요? 아니면 크게 느껴지나요? 덧붙여 달의 실제 크기는 직경이 지구의 약 4분의 1입니다.

    달은 인류가 간 적이 있는 유일한 천체입니다. 언젠가 달에서 푸르고 아름다운 지구를 바라보고 싶네요.

달은 태양과 함께 우리들에게
가장 친근한 천체 중 하나입니다.

달의 각 부분 이름

거무스름하게 보이는 부분은 '바다'라고 불립니다.

달에 대해 잘 몰랐던 시절에는 바다가 있는 것처럼 보였을지도 모르겠네요.

바다와 울퉁불퉁한 크레이터(암석 충돌에 의해 홈이 팬 원형의 분지)에는 독특한 이름이 붙어 있습니다.

무지개의 만

무지개의 형태가 귀엽고 행운을 불러올 것 같지 않으요? 둥글지 않은 크레이터.

아펜니노산맥

아폴로 15호가 이 주변에 착륙했습니다. 달에서 가장 크고 오래된 산맥. 반달 무렵에 잘 보입니다.

코페르니쿠스

토끼의 배 부분에 있는 코페르니쿠스는 티코와 함께 1~9억 년 전에 생긴 비교적 새로운 크레이터입니다.

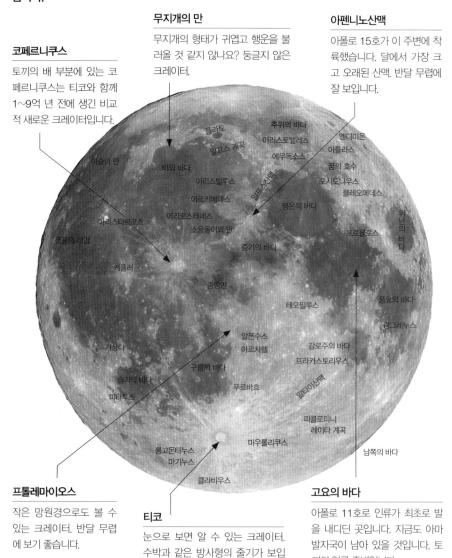

플라토
알프스 계곡
추위의 바다
아리스토텔레스
에우독소스
엔디미온
아틀라스
이슬의 만
비의 바다
아리스틸루스
아르키메데스
알프스산맥
꿈의 호수
포시도니우스
클레오메데스
아리스타르쿠스
에라토스테네스
소용돌이의 만
평온의 바다
위난의 바다
폭풍의 대양
중기의 바다
프로클루스
케플러
중앙만
테오필루스
풍요의 바다
가상디
알폰수스
아르차헬
랑그레누스
습기의 바다
구름의 바다
감로주의 바다
프라카스토리우스
피타투스
푸르바흐
알타이산맥
파콜로미니
레이타 계곡
롱고몬타누스
마기누스
마우롤리쿠스
남쪽의 바다
클라비우스

프톨레마이오스

작은 망원경으로도 볼 수 있는 크레이터. 반달 무렵에 보기 좋습니다.

티코

눈으로 보면 알 수 있는 크레이터. 수박과 같은 방사형의 줄기가 보입니다. 보름달이 뜨는 밤에 보시길 추천합니다.

고요의 바다

아폴로 11호로 인류가 최초로 발을 내디딘 곳입니다. 지금도 아마 발자국이 남아 있을 것입니다. 토끼의 얼굴 주변입니다.

※ 크레이터의 이름에는 천문학자나 신화의 등장인물도 있습니다.

달의 모양

도구를 사용하지 않아도 표면의 모양이 보이는 별은 달뿐입니다.
제게는 기르고 있는 고양이의 배 모양으로 보입니다.
여기서는 다양한 모양으로 보이는 달의 모습을 소개합니다.

여성의 옆얼굴(흰 부분이 얼굴)

포효하는 사자

토끼

책을 읽는 노파

악어

떡방아를 찧고 있는 토끼

장작을 짊어진 남자

커다란 집게의 게

산토끼

여성의 우는 얼굴

두꺼비(흰 부분)

당나귀

※ 달은 지구를 한 바퀴 돌 때 거의 1회전하기 때문에 늘 같은 모양이 보입니다.

초승달

그믐달

월상(月相)

  달의 형태로부터 태양이 어느 부근에서 달을 비추는지 무심히 상상할 수 있는 것도 달의 매력 중 하나입니다. 지구가 이쪽이고, 태양이 저쪽이니 반대편에 달이 떠서…… 하며 별하늘을 입체적으로 이미지해 보세요.

  낮 동안의 하늘에 달이 보이는 일이 있습니다. 공을 손에 들고 가려 보면 태양의 빛으로 그림자가 달과 같은 형태로 이지러져 보입니다. 둥근 급수탑도 관찰해 보세요.

  달은 해를 뒤따를 때마다 형태가 바뀌어 보입니다. 스스로 빛을 내지 못하기 때문에 태양의 빛이 어디에 닿는지에 따라 지구에서 보는 형태가 바뀌는 것입니다. 가령, 해가 지고 얼마 지나지 않은 서쪽 하늘에서는 가느다란 초승달이 태양에 비쳐(오른쪽) 보입니다. 초승달은 신월로부터 이틀째인 아주 가느다란 달입니다. 새벽녘의 가느다란 달이 태양이 뜨기 전 동쪽 하늘에 보인다면 이것은 그믐달입니다. 이번에는 태양이 달의 동쪽을 비추기 때문에 해질녘과는 반대 방향입니다. 달은 하루에 약 50분씩 뜨는 시간이 늦어집니다. 해질녘의 초승달을 발견한다면 꼭 다음날 같은 시간에

하현

도 달을 보세요. 좀 더 차고 전날보다 높아 보입니다.

상현과 하현은 모두 반달입니다. 옛날에는 달의 형태를 그대로 활에 빗대어 현월이라고 불렀다고 합니다. 음력에서는 한 달을 셋으로 나누어 상순, 중순, 하순이라 부릅니다. 현월은 한 달에 두 번 있기 때문에 상순의 현월을 '상현', 하순의 현월을 '하현'이라고 불렀습니다. 감각적으로 활의 현이 위를 향해서 지는 달을 '상현달', 아래를 향해 지는 달을 '하현달'이라고 생각하면 쉽게 알 수도 있겠네요.

보름달은 태양이 지면 동쪽에서 떠올라 한밤중에 남중합니다(가장 높이 뜹니다). 날이 저물고 별을 보고 있으면 태양에 대해서는 잊어버리는데, 보름달을 보면서 태양은 지금 지면의 맨 아래에 있다고 상상합니다.

또 가끔은 가느다란 달이어도 달 전체가 어렴풋이 보이는 일도 있습니다. 지구에서 반사된 태양의 빛이 사진 촬영 등에서 사용되는 반사판처럼 달을 비추기 때문입니다. 이를 지구반사광이라고 합니다.

별자리 이야기

별이 좀 전과 다른 장소로 움직이고 있다고 생각한 적이 있나요? 표식이 되는 나무나 건물이 있다면 움직였다는 것을 잘 알 수 있는데, 이는 지구가 자전하기 때문입니다. 망원경으로 보는 경우, 특별한 세팅을 하지 않으면 별은 시야에서 점점 벗어납니다.

딱 보기 좋은 시간(저녁 8시~12시 무렵)에 남쪽 하늘에서 보이는 별자리를 그 계절의 별자리라고 하는데, 자전하기 때문에 밤새 깨어 있으면 다른 계절의 별자리도 볼 수 있습니다. 실은 태양 방향의 별자리를 빼면 모든 계절의 별자리를 볼 수 있습니다.

태양의 빛이 지구에 닿는 쪽은 낮, 그림자가 지는 쪽은 밤입니다. 밤인 쪽에서는 별이 보입니다. 지구는 자전하기 때문에 1년에 걸쳐 태양을 한 바퀴 돌고 있습니다(공전). 때문에 지구가 우주 공간을 진행함에 따라 보이는 별이 바뀌는 것입니다. 우리들은 이를 '여름 별자리'나 '겨울 별자리' 등이라 부르며 지구에서 즐깁니다.

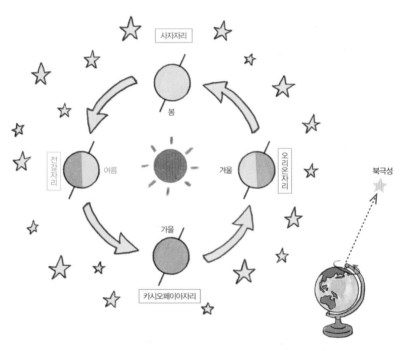

□ : 낮
■ : 밤

지구는 커다란 회전목마와 같습니다. 조금 기운 채 1년에 걸쳐 태양의 주위를 돕니다. 지구에서 보면 계절에 따라 태양이 지는 각도나 위치가 달라져서 보이는 별자리도 달라집니다.

지구본의 축을 계속 늘린 곳에 있는 별이 북극성입니다. 때문에 북극성은 움직이지 않습니다.

사람과 별·별자리의 관계

시계나 달력이 없던 시절, 태양과 달, 별은 소중한 표식이었습니다. 별은 시각이나 계절을 알 수 있기 때문에 쓰였으며, 지금의 달력으로 이어졌습니다.

이집트에서는 시리우스(큰개자리의 1등성)가 뜰 무렵 나일강이 범람했습니다. 시리우스에 앞서 뜨는 별은 이제 곧 시리우스가 뜨는 계절이라고 알려 주었습니다. 가을에는 '물병자리' 등 물과 연관된 별자리가 많은데, 이는 별자리가 탄생한 고대 메소포타미아 지방에서 우기가 찾아올 때 태양이 이 별자리 사이를 통과했기 때문입니다. 별자리는 북반구에서 먼저 만들어졌는데, 대항해시대에 남반구의 별자리도 만들어졌습니다.

옛날 사람들은 태양이 지나는 길에 있는 별자리나 달, 때때로 나타나는 혜성 등이 국가나 왕의 운명을 예언한다고 생각했습니다. 그 때문에 천체의 움직임을 관측하는 천문학자는 때때로 점성술사와 같은 역할을 했습니다.

별자리는 시대나 나라에 따라 다르며, 별자리가 없는 장소가 있거나 불편하다는 등의 이유로 1930년에 밤하늘을 88개의 구획으로 나누었습니다. 이렇게 해서 모든 별은 반드시 어딘가의 별자리에 속하게 되었습니다. 이 말은 별자리는 옛날 사람이 그린 그림이며, 세계 공용인 밤하늘의 지도라는 뜻입니다.

별점은 로망이 있어서 지금도 인기입니다. 자신이 무슨 별자리생인지는 많은 사람들이 알고 있지 않을까요?

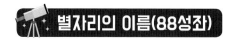

별자리의 이름(88성좌)

황도 12궁(49페이지 참조) 이외에, 이렇게나 많은 별자리가 있습니다. 모두 88개입니다. 지구는 둥글기 때문에 위도에 따라 보이는 별자리가 변합니다(북극성의 높이는 그 지방의 위도와 같음). 한국에서 보이는 별자리는 50여 개입니다.

별자리 이름 잘 보이는 시기	모습 · 형태 · 특징	1등성 이상의 밝은 별 ( ) 안은 밝은 순
안드로메다 가을	별자리 그림의 허리 부근에 유명한 안드로메다은하가 있습니다.	
일각수(유니콘) 겨울	보면 행복해진다는 전설의 동물입니다.	
사수 여름	반은 사람 반은 말인 케이론. 신화의 영웅에게 무술이나 학문을 가르쳤습니다.	
돌고래 여름	여름의 대삼각형의 동쪽이며, 의외로 쉽게 찾을 수 있습니다. 신화에서는 사람을 구합니다.	
인디언 남쪽 하늘의 별자리	소마젤란성운의 위. 미국 원주민의 별자리입니다.	
물고기 가을	물고기로 변신한 두 신의 모습. 떨어지지 않도록 리본으로 묶여 있습니다.	
토끼 겨울	오리온의 발 아래에 있는 별자리입니다.	
목동 봄	1등성인 아크투루스가 돋보입니다.	아크투루스(3위)
바다뱀 봄	하늘에서 가장 큰 별자리. 헤라클레스에게 쓰러졌습니다.	
에리다누스 겨울	에리다누스라는 강이 별자리가 되었습니다.	아케르나르(10위)
황소 겨울	제우스의 화신. 유명한 '묘성'이 있습니다.	알데바란(14위)
큰개 겨울	별자리를 만드는 가운데 가장 밝은 시리우스는 큰개의 코끝에서 빛납니다.	시리우스(1위)
이리 남쪽 하늘의 별자리	3등성이 7개인 어두운 별자리입니다.	
큰곰 봄	북두칠성은 큰곰의 등에서 꼬리에 해당합니다.	
처녀 봄	대지의 여신과 정의의 여신. 둘의 성격을 겸비하고 있습니다.	스피카(16위)
양 가을	황금 가죽을 가진 숫양의 모습입니다.	
오리온 겨울	1등성을 두 개나 가진 겨울을 대표하는 별자리입니다.	리겔(7위) 베텔게우스(9위)
화가 남쪽 하늘의 별자리	1등성인 카노푸스 근처에 있는 삼각대(이젤. 조각 도구도 별자리가 되었습니다.	

별자리 이름 잘 보이는 시기	모습 · 형태 · 특징	1등성 이상의 밝은 별 ( )안은 밝은 순
카시오페이아 / 가을	W로 늘어선 다섯 개의 별이 특징입니다.	
황새치 / 남쪽 하늘의 별자리	물고기의 별자리. 대마젤란성운이 있습니다.	
게 / 봄	밝은 별이 없으며, 조건이 좋은 하늘에서는 프레세페성단이 도드라집니다.	
머리털 / 봄	폭신해 보이고 어두운 별의 집단이며, 쉽게 찾을 수 있습니다.	
카멜레온 / 남쪽 하늘의 별자리	하늘의 남극에 가깝고, 한국에서는 볼 수 없는 별자리입니다.	
까마귀 / 봄	봄의 대곡선의 연장선에 있는 4개의 별이 표식입니다.	
북쪽왕관 / 봄	신화에서 술의 신 디오니소스가 아리아드네에게 준 왕관입니다.	
큰부리새 / 남쪽 하늘의 별자리	새의 별자리. 한국에서는 보이지 않습니다.	
마차부 / 겨울	1등성인 카펠라가 돋보입니다. 오각형의 형태로 이어집니다.	카펠라(6위)
기린 / 겨울	북극성과 페르세우스자리 사이에 있는 남북으로 긴 별자리입니다.	
공작 / 남쪽 하늘의 별자리	16세기 항해 기록이 원점이라고 합니다. 한국에서는 보이지 않습니다.	
고래 / 가을	신화에 등장하는 괴물 고래입니다. 2등성인 데네브 카이토스가 표식입니다.	
케페우스 / 가을	에티오피아의 왕. 북극성과 카시오페이아자리의 사이에 있습니다.	
켄타우로스 / 남쪽 하늘의 별자리	반은 사람 반은 말인 켄타우로스족. α성(알파성)은 태양에 가장 가까운 항성.	리겔 켄타우로스(5위) 아제나(11위)
현미경 / 가을	염소자리의 아래, 지평선 끝으로 보입니다.	
작은개 / 겨울	1등성인 프로키온은 겨울의 대삼각형을 만드는 별 중 하나입니다.	프로키온(8위)
조랑말 / 가을	두 번째로 작은 별자리입니다.	
여우 / 여름	여름의 대삼각형의 한가운데에 있습니다.	
작은곰 / 봄	작은곰의 꼬리 끝이 북극성입니다.	
작은사자 / 봄	사자자리와 큰곰자리의 사이. 4등성 이하의 어두운 별로 된 별자리입니다.	
컵 / 봄	바다뱀자리의 등에서 까마귀자리의 앞에 있는 컵입니다.	
거문고 / 여름	1등성인 베가는 칠석의 직녀성입니다.	베가(4위)
컴퍼스 / 남쪽 하늘의 별자리	컴퍼스 근처에는 직각자자리도 있습니다.	
제단 / 남쪽 하늘의 별자리	제단의 형태이며, 전갈자리의 남쪽에 위치해 있습니다.	

별자리 이름 잘 보이는 시기	모습·형태·특징	1등성 이상의 밝은 별 ( )안은 밝은 순
전갈 여름	1등성인 안타레스를 중심으로 낚싯바늘과 같이 별이 늘어서 있습니다.	안타레스(15위)
삼각형 가을	안드로메다자리 근처의 자그마한 삼각형으로, 쉽게 찾을 수 있습니다.	
사자 봄	1등성인 레굴루스에서부터 늘어선 별의 모습은 서양의 낫 모양입니다.	레굴루스(21위)
직각자 남쪽 하늘의 별자리	직각자와 곧은자를 두 개 그린 별자리입니다.	
방패 여름	신화가 아닌 역사적 사실에 기초한 방패가 별자리가 되었다고 합니다.	
조각도 남쪽 하늘의 별자리	조각도 한 벌이 그려진 별자리입니다.	
조각실 가을	프랑스의 천문학자 니콜라 라카유가 희망봉에서 만든 새로운 별자리입니다.	
두루미 가을	1등성인 포말하우트의 아래에 위치하며, 낮아서 찾기 힘든 별자리입니다.	
테이블산 남쪽 하늘의 별자리	대마젤란의 아래, 남아프리카 공화국의 테이블산이 모델입니다.	
천칭 여름	그리스 신화에서는 정의의 저울로 알려져 있습니다.	
도마뱀 가을	페가수스자리의 앞발 쪽에 있는 톱니 모양의 별자리입니다.	
시계 남쪽 하늘의 별자리	추시계를 본뜬 별자리입니다.	
날치 남쪽 하늘의 별자리	대항해시대, 항해사가 본 날치를 별자리로 만들었다고도 합니다.	
고물 겨울	남쪽 하늘에 있던 아르고자리의 4등분 중 하나입니다.	
파리 남쪽 하늘의 별자리	카멜레온자리 근처에 있어 카멜레온이 파리를 노리듯이 보입니다.	
백조 여름	1등성인 데네브는 여름의 대삼각형을 만드는 별 중 하나입니다.	데네브(19위)
팔분의 남쪽 하늘의 별자리	천체 관측에 이용되는 팔분의, 천구 꼭대기 근처의 별자리입니다.	
비둘기 겨울	오리온자리의 아래쪽에 있으며, 아르고호에서 날아오른 비둘기를 나타냅니다.	
극락조 남쪽 하늘의 별자리	한국에서는 볼 수 없는 별자리의 하나입니다.	
쌍둥이 겨울	쌍둥이 형제 카스토르와 폴룩스가 붙어 있는 별자리입니다.	폴룩스(17위)
페가수스 가을	날개 달린 천마 페가수스의 별자리입니다.	
뱀 여름	뱀주인이 손에 든 뱀입니다. 머리와 꼬리로 나누어져 있습니다.	
뱀주인(땅꾼) 여름	뱀주인은 사수자리의 케이론에게 의학을 배운 명의 아스클레피오스입니다.	

별자리 이름 잘 보이는 시기	모습 · 형태 · 특징	1등성 이상의 밝은 별 ( )안은 밝은 순
헤라클레스 여름	12가지의 모험을 한 헤라클레스의 별자리입니다.	
페르세우스 가을	페르세우스자리의 유성군은 이 별자리에서 따온 이름입니다.	
돛 남쪽 하늘의 별자리	그리스 신화의 모험선 아르고의 돛 부분을 표현한 별자리입니다.	
망원경 남쪽 하늘의 별자리	파리 천문대의 망원경이 모델이라고 합니다.	
불사조 남쪽 하늘의 별자리	불사조가 모티브인 봉황이 별자리가 되었습니다.	
공기펌프 봄	화학실험 도구였던 공기펌프에서 유래되었습니다.	
물병 가을	청년이 가진 물병 주변에 네 개의 별이 Y자 형태로 늘어서 있는 것이 특징입니다.	
물뱀 남쪽 하늘의 별자리	소마젤란운의 바로 근처에 있는 별자리입니다.	
남십자 남쪽 하늘의 별자리	하늘에서 가장 작은 별자리입니다. 하늘의 남극을 찾는 표식입니다.	아크룩스(13위) 베크룩스(20위)
남쪽물고기 가을	가을의 별자리 중에서 유일한 1등성인 포말하우트가 있습니다.	포말하우트(18위)
남쪽왕관 여름	북쪽왕관이 보석으로 된 것에 비해 남쪽왕관은 화초로 된 화관입니다.	
남쪽삼각형 남쪽 하늘의 별자리	켄타우로스자리의 근처에 있으며, 찾기 쉬운 삼각형입니다.	
화살 여름	여름의 대삼각형 주변에 있으며, 남십자자리, 조랑말자리 다음으로 작은 별자리입니다.	
염소 가을	상반신은 산양, 하반신은 물고기인 가축의 신 판의 모습입니다.	
살쾡이 봄	큰곰자리와 쌍둥이자리 사이에 있습니다.	
나침반 겨울	지금은 없는 아르고자리의 일부분으로, 큰개자리의 남동쪽에 있습니다.	
용 여름	북극성을 감싸듯이 그려집니다. 북쪽 기둥에서 잠들어 있는 용입니다.	
용골 남쪽 하늘의 별자리	1등성인 카노푸스를 보면 장수한다고 합니다.	카노푸스(2위)
사냥개 봄	목동자리에 이어지듯 그려진 두 마리의 사냥개입니다.	
그물 남쪽 하늘의 별자리	별의 위치를 측정하기 위해 망원경에 붙인 십자 모양의 조준선에서 유래되었습니다.	
화로 겨울	화학실험에 쓰는 플라스크를 가열하기 위한 화로를 표현한 별자리입니다.	
육분의 겨울	천체의 위치를 측정하는 육분의가 별자리가 되었습니다.	
독수리 여름	1등성인 알타이르는 칠석의 견우성입니다.	알타이르(12위)

12성좌

11월에 태어난 제 별자리는 사수자리입니다. 하지만 제 생일에 사수자리는 보이지 않습니다. 흐려서가 아니라 진짜로 밤하늘에 없기 때문입니다. 그 무렵 사수자리 주변에는 태양이 있습니다. 자신의 별자리를 하늘에서 보고 싶은 사람은 생일보다 3~4개월 정도 이전에 밤하늘에서 찾으세요. 사수자리는 여름 밤하늘에서 볼 수 있습니다.

지구에서 보면 태양은 1년에 걸쳐 움직이는 것처럼 보입니다(사실은 지구가 태양 주위를 돌고 있습니다). 이 지구에서 본 태양이 지나는 길을 '황도'라고 합니다. 2000년 정도 전에 황도에 있는 별자리는 12개로 나뉘었습니다. 별자리는 전부 88개인데, 태양에는 특별한 힘이 있으며, 태어난 날에 태양 쪽에 있는 별자리가 그 사람에게 영향을 끼친다고 생각했기 때문에 황도에 있는 별자리는 특히 중요한 별자리라고 여겼던 것입니다. 황도에 있는 별자리는 한 줄로 늘어서 있습니다. 하나를 찾으면 주변에 반드시 생일의 별자리가 있습니다.

* *

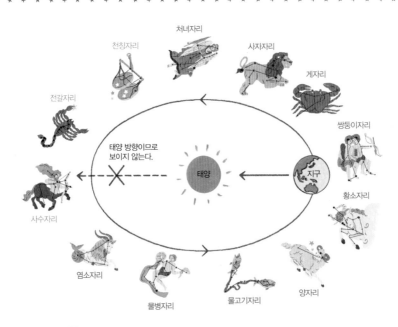

※ 황도 12성좌와 황도 12궁

- 황도 12성좌 : 황도에 있는 별자리로, 크기도 다양합니다. 위 그림에는 없지만 뱀주인자리도 황도에 있습니다.
- 황도 12궁 : 춘분점에 있는 양자리에서 12등분한 영역을 말합니다.

12성좌 이야기

자신의 별자리에 대해 알고 싶으신 분들을 위한 페이지입니다.
별자리를 찾고 싶으신 분들은 계절의 별자리 안내(66~105페이지)를 참고하세요.

양자리   3/21~4/19

신화에 따르면 황금색으로 빛나는 털을 휘날리며 하늘을 나는 숫양입니다. 별자리이기도 한 아르고호(커다랗기 때문에 현재는 4등분되어 각각 다른 별자리가 되었습니다)의 이야기에 등장합니다. 아르고호는 그리스 신화 중에서도 특히 오래되었고, 호메로스의 서사시 '오디세이'에도 나오는 장대한 모험 이야기입니다. 모험의 발단이 된 것은 이 아름다운 양이었습니다. 어느 나라의 왕에게 바칠 황금 가죽을 아르고호에 탄 용감한 영웅들이 찾아나서는 이야기입니다. 2000여 년 전 춘분의 태양은 여기에 있었으며, 중요한 별자리였습니다.

별자리의 그림은 뒤돌아보는 듯한 귀여운 모습의 양입니다.
이 양을 둘러싸고 영웅들이 대모험을 펼칩니다.

황소자리   4/20~5/20

눈처럼 새하얀 소. 아름다운 여왕 에우로페를 등에 태우고 바다를 건너는 제우스가 변신한 모습입니다. 뒤쪽 절반은 바다에 잠겨 있어 그려지지 않았습니다.
황소자리에는 밝은 1등성 알데바란이 오렌지색으로 빛납니다. 또 별의 집합인 성단이 '히아데스성단'과 '플레이아데스성단' 두 개 있습니다. 모두 어두운 하늘이라면 눈으로 볼 수 있습니다. 플레이아데스성단은 '묘성(昴星)'이라고 부르기도 합니다.

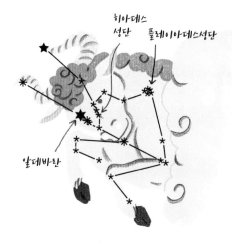

히아데스
성단   플레이아데스성단

알데바란

1등성인 알데바란은 오른쪽 눈, 히아데스성단은 얼굴, 플레이아데스성단은 어깨 주변에 있습니다.

쌍둥이자리　　5/21~6/21

쌍둥이 형제의 이름이 각각 별의 이름이
되었습니다.

그리스 신화에 따르면 둘은 스파르타의 왕
비 레다가 낳은 알에서 태어났습니다. 쌍
둥이자리의 이야기에서 특히 유명한 것은
아르고호 원정대에 참여해 황금의 양 가
죽을 되찾으러 간 이야기입니다. 바다에서
폭풍을 만났을 때 음악의 명수 오르페우스
가 하프를 켜자 폭풍이 멈추고 형제의 얼
굴에 각각 별이 빛났습니다. 이 때문에 로
마 시대에는 항해의 수호신으로서 뱃머리
에 둘의 조각상을 장식했다고 합니다.

사이가 좋아 기분이 좋아집니다. 부드러운 분위기이지만 실은 아
주 늠름합니다.

게자리　　6/22~7/22

이야기에서는 괴물 히드라가 헤라클레스
에게 퇴치당할 때 히드라를 도우려고 헤
라가 보낸 커다란 괴물 게입니다. 순식간
에 헤라클레스에게 밟혀 죽지만, 헤라가
보답으로 별자리로 만들었다고 합니다.
인도에서는 석가모니가 태어났을 때 달이
이곳에 있었기 때문에 경사로운 별자리라
고 합니다.

게자리에는 '프레세페성단'이 있는데, 게
가 보글보글 거품을 내뿜는 것처럼 흐릿
한 빛의 덩어리로 보입니다. 영어에서는
벌집(beehive)성단이라고 합니다. 밤하늘
의 어두운 곳에서 꼭 찾아보세요.

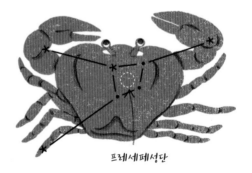

프레세페성단

이야기에서나 밤하늘에서나 자기 주장을 하지 않는 별자리인데,
괴물 동료를 소중히 생각했던 게입니다. 프레세페성단은 등딱지
부근에 있습니다.

사자자리　　　7/23~8/22

그리스 신화에서 네메아 숲에 사는 괴물 사자입니다. 화살도 튕겨 내는 단단한 가죽에 싸여 있던 무시무시한 사자였지만 헤라클레스에게 쓰러져 별자리가 됩니다(헤라클레스가 두르고 있는 털가죽은 이 사자의 것입니다). 옛날에는 사자가 세상에 넓게 서식했으며, 신성한 동물로서 각지의 유적에 남아 있습니다.

사자의 가슴에는 작은 왕이라는 뜻인 1등성 레굴루스가 빛나고 있습니다. 바빌로니아시대에는 왕의 운명을 좌우하는 별의 하나로 여겨졌습니다.

사자의 머리에서 이어지는 둥근 별의 나열을 서양에서는 '낫'이라며 생활도구에 빗대어 부르고 있습니다.

처녀자리　　　8/23~9/22

하늘에서 두 번째로 큰 별자리입니다. 풍요의 여신 데메테르의 상징으로서 보리이삭을 든 왼손에 1등성인 스피카(뾰족한 물건이라는 뜻)가 빛나고 있습니다. 바닥에 못이 있는 스파이크 슈즈의 스파이크와 같은 어원입니다.

처녀자리는 두 여신의 성격을 겸비한 별자리입니다. 오른손에 깃털로 만든 펜을 들고 있으며, 제우스의 딸이자 정의의 여신 아스트라이아를 나타냅니다. 이 깃털펜은 자신의 날개를 뽑아 만든 것으로, 인간의 생전 행실을 기록합니다.

아름다운 처녀자리는 강하고 늠름한 정의의 여신입니다. 밤하늘에서 우리들을 항상 지켜보고 있습니다.

천칭자리   9/23~10/23

처녀자리로 그려져 있는 아스트라이아가
들고 있는 천칭으로, 인간 영혼의 선악을
재기 위해 쓰였다고 전해집니다. 한국의
법원 마크에 천칭이 그려져 있는 것도 정
의와 공정함을 나타냅니다.

옛날(금의 시대)에는 신들도 인간과 함께
살았습니다. 은의 시대에는 사계절이 생
기고, 인간이 경작을 시작하며 강한 자가
약한 자를 학대하자 신은 차차 천상으로
돌아가게 되었습니다. 은의 시대에 전쟁
이 시작되자 마지막까지 인간을 믿고 남
아 있던 아스트라이아도 천칭을 들고 마
침내 하늘로 돌아갔다고 합니다.

아스트라이아는 한쪽의 쟁반에는 깃털, 다른 한쪽에 인간의 영혼
을 올려 선악을 재었습니다.

전갈자리   10/24~11/21

고대 바빌로니아부터 이어진 오래된 별자
리입니다. 별의 위치에 특징이 있어서 각
나라에서 주목해 왔습니다. 그리스 신화
에서 전갈은 오리온을 찔러 죽였다고 합
니다. 이 때문에 오리온은 전갈을 두려워
해서 전갈자리가 저물기를 기다린 후 오
리온자리가 떠올랐다고 합니다.

전갈의 가슴에 붉게 빛나는 1등성은 안타
레스입니다. 화성에 대적한다는 뜻입니다.
황도는 태양과 달 외에 혹성도 지납니다.
붉은 화성이 안타레스 근처를 지날 때 색
을 비교해 보세요.

안타레스

한국에서는 좀처럼 볼 수 없는 동물이지만, 어린 아이들도 많이
아는 인기 있는 별자리입니다.

사수자리   11/22~12/21

사수자리에 그려진 것은 반인반마의 켄타
우로스족인 케이론입니다. 음악의 신 아
폴론과 달과 사냥의 여신 아르테미스로부
터 음악과 의학, 사냥 등의 지혜를 전수받
았습니다. 신화에서는 케이론으로부터 지
식을 전수받은 자들도 많이 등장합니다.
전갈자리의 뒤에서 활을 쏘는 자세를 취
하고 있는데, 전갈자리가 난폭해지지 않
도록 조준하고 있는 듯한 자세입니다. 작
은 스푼처럼 늘어선 여섯 개의 별을 남두
육성이라고 합니다(83페이지 참조). 중국
에서 남두는 북두와 함께 태어난 아이의
수명을 결정하는 신선이라고 전해집니다.

정의감이 강하고 지혜로운 케이론. 그리스 신화에 등장하는 많은
영웅들의 스승이었습니다.

염소자리   12/22~1/19

바빌로니아의 조각에도 있는 오래된 별자
리 중 하나입니다.
별자리의 그림에서 보면 상반신은 제대로
된 염소지만 물고기의 꼬리를 가진 이상
한 모습을 하고 있습니다. 우기의 도래를
알리는 물과 연관된 별자리인 것을 물고
기의 꼬리로 나타내고 있습니다.
이는 신들이 연회를 베풀던 때 괴물 티폰
이 나타나자 물고기로 변신해서 도망가려
고 강으로 뛰어들었지만 실패하여 허둥대
는 신 판의 모습입니다. 판은 나무 그늘에
서 낮잠 자는 것을 좋아해서 방해받으면
곤혹스러워 했습니다. 여기에서 패닉이리
는 말이 생겼다고 전해집니다.

특기인 갈대 피리로 신들을 누그러뜨리는 유쾌한 신 판. 늘 숲과
계곡을 뛰어다녔습니다.

물병자리　　1/20~2/18

물병에서 넘치는 것은 신들이 마시는 넥타르라는 특별한 물입니다. 병을 들고 있는 청년은 독수리자리의 그림에서 자주 묘사되고 있는 소년 가니메데스가 성장한 모습으로, 신의 나라에서 성인이 되어 독립된 별자리로 그려졌다는 설도 있습니다. 고대 이집트에서는 물병자리가 저물 때와 나일강의 홍수가 겹쳤기 때문에 물병에서 물이 흘러 넘쳐 나일강의 홍수가 일어난다고 여겼습니다. 고대 바빌로니아에서는 가니메데스의 오른쪽 어깨에 있는 별은 겨울이 끝나고 비가 내리는 시기에 떠서 '행운의 별'로 추앙받았다고 합니다.

포말하우트

가니메데스가 청년이 된 모습. 흘러넘치는 물 끝에는 남쪽물고기자리의 1등성인 포말하우트가 반짝입니다.

물고기자리　　2/13~3/20

미의 여신 비너스와 그 아들인 사랑의 신 큐피드가 떨어지지 않도록 리본으로 서로를 묶은 모습입니다. 미의 여신과 사랑의 신이 함께 있는 로맨틱한 별자리입니다. 중국에서는 '쌍어궁(雙魚宮)'이라고 부르며, 역시 두 마리의 물고기로 보고 있습니다. 염소자리처럼 괴물 티폰에게서 도망치기 위해 물고기로 변신한 모습이 그려져 있습니다. 큐피드가 들고 있는 화살은 여름 별자리인 화살자리가 되어 있습니다.
지금은 춘분점이 이곳 물고기자리에 있습니다. 춘분을 경계로 밤보다 낮의 시간이 길어집니다.

두 마리의 물고기가 리본으로 이어져 밤하늘에 떠 있습니다. 그림의 모티브가 되는 것은 물론 변신 전의 모습입니다.

플라네타륨에 가자

오늘 밤 보이는 별에 대해 알고 싶다거나 멀리 여행할 시간은 없지만 하늘 가득한 별을 보고 싶을 때에는 플라네타륨에 가 보세요. 각각의 분위기가 다르니 여러 곳에 가 보며 좋아하는 곳을 찾아보세요. 최신 화제를 현장감 있는 영상으로 보여 주는 관도 있는가 하면, 별의 이야기를 생생하게 해설 하는 곳도 있습니다. 또한 해설자도 저마다 개성이 있어 이 또한 즐거움을 줍니다.

플라네타륨은 계속 위를 보고 있기 때문에 목이 아플 것 같지만 좌석이 눕 혀지기 때문에 괜찮습니다. 전체를 볼 수 있는 자리는 중앙에서 뒤쪽이지 만 앞쪽에서 집중해서 즐기고 싶다는 사람도 있습니다. 여기저기 앉아 보 며 마음에 드는 자리를 찾아보세요. 또 자리에서 음식물을 먹지 못하는 곳 이 많으니 유의하세요. 배가 고플 때는 가볍게 먹고 가도록 합시다.

별자리를 보는 방법이나 그날에 보이는 밝은 별에 대한 이야기를 들으면 밤

하늘의 별을 올려다보고 싶 다는 생각이 듭니다. 실제 별자리는 플라네타륨의 몇 배나 크게 펼쳐져 있습니다.

최신 플라네타륨은 몸을 꼭 감싸 줍니다.
(사진은 세타가야구립교양센터 플라네타륨)

별을 보는 방법

옛사람들이 만든 별자리는 형태를 바꾸면서 이어져 왔습니다. 이 별하늘을 수천 년 이전의 사람도 보았구나 하며 별자리를 보면 문득 별자리가 생겼을 때의 사람의 마음을 읽는 듯한 이상한 기분이 듭니다.

별을 찾아보기 전에

① 가로등이 없는 장소 찾기

별빛은 아주 희미해서 인공의 불빛이 있으면 잘 보이지 않습니다. 별을 보려면 되도록 가로등이 없는 장소로 가세요. 가로등이 없는 맑은 공기의 장소에서는 보이는 별이 현격하게 늘어납니다. 산이나 바다 등 시야가 확 트인 장소에 나갔을 때는 꼭 한낮의 레저뿐 아니라 밤의 별하늘도 즐겨 주세요.

발밑이 보이지 않을 만큼 캄캄한 경우도 있으니 꼭 손전등을 챙기세요. 오갈 때는 밝은 불빛이 필요하지만 별을 보는 동안은 붉은 라이트를 써 보세요. 붉은 빛은 암흑에 익숙한 눈에 부담이 적습니다. 또 별을 볼 장소는 낮 동안에 꼭 사전답사를 해 두세요.

* *

② 시간과 별하늘의 관계를 알아 두기

별은 해가 저물어야 보입니다. 태양은 여름에는 늦은 시간에, 겨울에는 이른 시간에 집니다(반대로 일출은 여름은 빠르고 겨울은 늦습니다). 계절에 따라 해가 지는 시간은 달라지므로 별을 보러 가기 전에 몇 시쯤에 어두워지는지 알아 두면 계획을 세우기 쉽습니다. 또한 지역에 따라 일몰 시간이 다르니 일기예보 등을 통해 사전에 알아 두도록 합시다. 인터넷으로도 알 수 있습니다(보이는 별자리와 시각에 대해서는 64~105 페이지를 참조해 주세요).

시간이 있다면 꼭 일몰부터 즐겨 주세요.

③ 맑고 달이 없는 날을 선택

별을 보러 가게 되면 예정한 날의 날씨가 궁금해집니다. 흐리거나 비가 오면 구름에 가려서 별이 보이지 않기 때문입니다.

또 모처럼 별을 본다면 달빛이 없는 날을 고르는 것이 좋습니다. 조금 어렵게 느껴질 수도 있겠지만 신문 등에 실려 있는 월령은 참고가 되니 잠시 소개하겠습니다. 월령 0이 신월, 2가 초승달, 7이 반달 무렵, 15가 보름달 무렵, 22는 다시 반달 무렵, 27 무렵은 그믐달입니다. 월령이 0에 가까울수록 빨리 저뭅니다.

신월은 달빛이 없습니다. 월령 7 무렵은 한밤중에 저 무니 잠시 눈을 붙이고 아침까지 보고 싶은 사람에게 좋습니다. 22 무렵은 늦게 뜨기 때문에 이른 시간에 보고 늦은 시간에는 쉬고 싶다는 사람에게 좋습니다. 보름달은 하룻밤 내내 저물지 않아 밝게 보입니다.

* *

④ 방위를 확인하는 방법

밝을 때에 도드라지는 건물이나 경치에서 방위를 확인해 두면 편리합니다. 나침반을 사용하면 빠르지만 늘 가지고 다니는 사람은 거의 없을 것입니다. 해가 지고 얼마 지나지 않을 때에는 해가 진 주변의 하늘이 어렴풋이 밝게 보이기 때문에 그쪽이 서쪽이라는 것을 알 수 있습니다.

밤에 별이 나오면 북극성을 찾으세요. 북극성은 항상 북쪽에 있으며 움직이지 않는 별입니다. 요령을 익히면 도시에서도 찾을 수 있으니 계절의 별자리 페이지를 참고로 찾아보세요.

스마트폰 앱에도 나침반이 있으니 디지털이 친근한 사람은 활용해 보아도 좋을 것입니다. 북극성이라고 생각하는 별을 찾으면 실제 그쪽이 북쪽인지 확인해 보세요.

 **준비물**

별을 보러 나갈 때 있으면 좋은 물건들을 모았습니다.

돌아올 때는 잊지 않고 챙기고, 쓰레기는 다시 들고 와서 버리세요.

별자리를 찾는다면 꼭 챙기세요!

회중전등

붉은 빛은 암흑에 익숙해진 눈에도 자극이 덜합니다. 책이나 주변을 볼 때는 붉은 셀로판지나 얇은 천을 두른 전등을 써 보세요. 백색과 붉은색으로 전환할 수 있는 것이 편리합니다.

이 책

계절마다 해당 페이지를 보면서 별자리를 찾아보세요. 실제 별자리는 아주 크기 때문에 하늘 전체를 바라보며 찾아야 합니다.

있으면 편리해요!

나침반

있으면 왠지 안심이 되고 별자리를 찾을 때도 편리합니다. 익숙해질 때까지는 먼저 방위를 확인한 후 북극성을 찾아도 좋습니다.

쌍안경

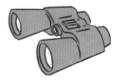

쌍안경은 사람의 눈을 몇 배나 좋게 해 주는 물건입니다. 망원경보다 편하고 쉽게 들고 다닐 수 있습니다. 도시에서도 쌍안경을 사용하면 보이는 별이 늘어납니다.

돗자리

바닥에 앉을 때 거실을 그대로 자연으로 옮겨 놓은 듯해서 호사스런 기분이 듭니다. 들고 간 물건을 늘어놓을 때도 사용할 수 있습니다.

등받이 의자

밤하늘은 머리 위로 펼쳐지기 때문에 편안하게 바라보고 싶을 때에는 등을 기댈 수 있는 의자가 편리합니다. 여유롭고 편안하게 별하늘을 만끽할 수 있습니다.

우레탄 매트

돗자리 위에 두툼한 매트를 깔면 앉아 있어도 엉덩이가 아프지 않고 따뜻해서 쾌적합니다. 어느 순간 드러눕게 됩니다.

보온병

밤에 따뜻한 것이 있으면 몸은 물론 마음까지 풀립니다. 물론 차가워도 됩니다. 가볍게 집어먹을 수 있는 단것을 준비하면 대화도 활기를 띨 것입니다.

담요

여름에도 쌀쌀한 경우가 있으니 몸을 감쌀 수 있는 담요가 있으면 좋습니다. 그대로 잠들지 않도록 주의하세요.

랜턴

따뜻한 색의 부드러운 불빛의 것을 추천합니다. 흐린 날이나 떨어뜨린 물건을 찾을 때도 도움이 됩니다. 랜턴을 둘러싸고 식사를 할 때면 더욱 맛있다는 느낌이 드는 것은 왜일까요?

 **어떻게 볼까?**

별을 보기 좋은 포즈가 있다면 형태부터 잡아 보는 것은 어떤가요?
이래저래 이미지를 떠올리면서 즐겨 보세요.

쪼그려 앉기

마음에 드는 별보기 장소가 있다면 앉아서 보고 싶어집니다. 보고 싶은 방향을 향해 앉으면 됩니다. 둑이나 제방이라면 다리를 뻗어 보세요. 눈앞에 강과 별하늘이 펼쳐져서 기분이 상쾌해집니다.

서서 올려다보기

문득 올려다볼 때는 일단 이런 자세를 취하세요. 가로등을 손으로 가리면 별하늘이 더 잘 보입니다. 목이 좀 아프다면 나무 등에 기대어 휴식을 취해 보세요.

드러눕기

땅바닥은 밤이슬로 습할 수 있으니 깔 수 있는 것이 있으면 좋습니다. 바닥이 차갑지 않도록 두툼한 매트나 침낭이 있으면 깔아 보세요. 유성을 볼 때도 추천합니다.

의자에 앉기

집 정원이나 드라이브를 간 곳에서 볼 때는 의자를 꺼내어 우아하게 여유를 즐겨 보세요. 차에 작은 의자를 챙겨 두면 편리합니다. 솔이 있으면 베개나 무릎 담요처럼 쓸 수 있습니다.

별을 볼 때의 복장

계절에 따라 옷을 고르는 것도 즐거운 일입니다.
하지만 별을 보러 갈 때는 방한과 편한 움직임을 먼저 생각해서 고르세요.

봄

아직 추위가 남아 있는 계절입니다. 방심하지 말고 추위에 대비하세요. 타이트한 것보다 조금 여유가 있는 복장이 피로감을 줄입니다. 여성이라면 레깅스와 긴 플레어스커트 조합도 추천합니다.

여름

여름에도 밤에는 쌀쌀한 경우가 있으니 후드 티 같은 상의를 챙기세요. 하체는 벌레 등에 대비하여 더워도 반바지는 피하는 것이 좋습니다. 부채와 함께 살충제나 모기향이 있으면 챙겨 두세요.

가을

낮에는 단풍, 밤에는 달구경을 찬찬히 즐기고 싶은 계절입니다. 겨울이 다가와서 기온이 많이 떨어지니 주의하세요. 바닥에 깔 수도 있으니 세탁이 가능한 커다란 숄을 준비하는 것이 좋습니다.

겨울

겨울은 몹시 춥습니다. 옷을 겹쳐 입어 많은 공기층을 만드세요. 특히 '목'과 닿는 곳은 빠짐없이. 발은 두꺼운 양말에 부츠 등으로 따뜻하게 하고 핫팩은 두둑이 챙겨 가세요.

별·별자리를 찾는 방법

밝은 별 찾기

이제 별을 봐야지 하고 생각해도 별하늘 아래에서 어찌할 바를 모르는 사람도 많습니다. 그렇다면 먼저 눈에 띄는 밝은 별부터 찾으세요. 별은 다양한 밝기가 있습니다. 유난히 밝은 별을 골라 보세요.

특징 있는 배열 찾기

다음으로 그 밝은 별 주위의 별을 찾아 특징이 있는 배열을 찾아보세요. 여기에서 66페이지부터 나오는 별지도와 붉은색의 회중전등이 등장합니다. 첫 번째 별 주위로 특징이 있는 별의 배열을 알 수 있다면 다음으로 발견한 밝은 별 주위를 찾아보세요. 계절마다 별자리를 찾는 방법도 참고해 주세요.

별자리를 찾기 위한 시각표

이 시각표를 바탕으로 각 계절의 별자리(성도)를 보고 별자리의 위치를 확인하세요. 매일 4분씩 빨라지니 거기에서 역산해서 그 전후의 별자리 위치를 찾아보세요.

날짜	별지도	시각	날짜	별지도	시각	날짜	별지도	시각
1월 5일	별지도 4-1, 2	오후 11시경	15일	별지도 1-3, 4	오후 8시경	9월 5일	별지도 3-1, 2	오전 1시경
15일	별지도 4-3, 4	오후 10시경	20일	별지도 1-1, 2	오후 8시경	15일	별지도 2-3, 4	오후 6시경
20일	별지도 4-1, 2	오후 10시경		별지도 2-1, 2	오전 2시경	20일	별지도 3-1, 2	오전 0시경
2월 5일	별지도 1-1, 2	오전 3시경	6월 5일	별지도 2-1, 2	오전 1시경	10월 5일	별지도 3-1, 2	오후 11시경
	별지도 4-1, 2	오후 9시경	15일	별지도 1-3, 4	오후 6시경	15일	별지도 3-3, 4	오후 10시경
15일	별지도 4-3, 4	오후 8시경	20일	별지도 2-1, 2	오전 0시경	20일	별지도 3-1, 2	오후 10시경
20일	별지도 1-1, 2	오전 2시경	7월 5일	별지도 2-1, 2	오후 11시경	11월 5일	별지도 3-1, 2	오후 9시경
	별지도 4-1, 2	오후 8시경	15일	별지도 2-3, 4	오후 10시경		별지도 4-1, 2	오전 3시경
3월 5일	별지도 1-1, 2	오전 1시경	20일	별지도 2-1, 2	오후 10시경	15일	별지도 3-3, 4	오후 8시경
15일	별지도 4-3, 4	오후 6시경	8월 5일	별지도 2-1, 2	오후 9시경	20일	별지도 3-1, 2	오후 8시경
20일	별지도 1-1, 2	오전 0시경		별지도 3-1, 2	오전 3시경		별지도 4-1, 2	오전 2시경
4월 5일	별지도 1-1, 2	오후 11시경	15일	별지도 2-3, 4	오후 8시경	12월 5일	별지도 4-1, 2	오전 1시경
15일	별지도 1-3, 4	오후 10시경	20일	별지도 2-1, 2	오후 8시경	15일	별지도 3-3, 4	오후 6시경
20일	별지도 1-1, 2	오후 10시경		별지도 3-1, 2	오전 2시경	20일	별지도 4-1, 2	오전 0시경
5월 5일	별지도 1-1, 2	오후 9시경						
	별지도 2-1, 2	오전 3시경						

이후의 페이지를 보는 방법

'오늘은 어떤 별자리가 보일까?', '태어날 날의 별자리를 보고 싶다'는 생각이 든다면 이 다음에 나올 페이지를 보시면 됩니다.

각 계절의 처음에 둥근 별지도가 실려 있습니다. 이는 별자리판(별자리조견반)과 같은 방법으로 사용합니다. 자신이 향한 방향이 동쪽이라면 '동'이라는 글자를 밑으로 두고 그대로 하늘에 대어 보세요. 하늘은 아주 넓으니 하늘 전체를 바라보며 별지도를 참고로 별자리를 찾으면 됩니다. 여기에 실려 있지 않은 밝은 별은 분명 혹성이거나 또는 움직인다면 비행기나 인공위성입니다.

별지도에는 가로등이 없는 곳에서 본 별하늘(어두운 하늘)과 도시에서 본 별하늘(밝은 하늘)이 실려 있습니다. 어둡고 공기가 맑은 장소에서 올려다보는 밤하늘에는 많은 별이 보입니다. 한편 도시에서는 1~3등성 정도의 밝은 별은 보이지만 어두운 별은 보이지 않습니다. 내 별자리가 보이지 않을 경우도 있는데, 어두운 하늘이라면 반대로 별이 너무 많아 별자리를 찾기가 어렵다는 생각이 들지도 모릅니다.

도시에서 보이는 것은 특히 밝은 별입니다. 하지만 보이는 별의 수가 적다고 실망하지 말고 어두운 하늘의 별자리를 바라보면서 실제로는 하늘에 이렇게 많은 별이 있다고 떠올려 보는 건 어떨까요?

그 다음 페이지에 있는 것은 남쪽 방향으로 보이는 별자리입니다. 오른쪽 페이지의 사진에서 눈에 띄는 별을 찾아 선으로 이을 수 있는지 도전해 보세요.

별은 하루에 4분씩 일찍 뜨기 때문에 계절에 따라 보이는 별자리가 조금씩 달라집니다. 하지만 하늘은 이어져 있기 때문에 가을의 별자리가 남쪽 하늘 높이 보일 무렵, 여름의 별자리는 서쪽에서 여전히 보입니다.

장소에 따라 보이는 별의 수는 달라집니다. 밝은 역 주변, 한 걸음 뒷골목으로 들어선 곳, 그리고 나들이 간 곳 등에서 하늘을 비교해 보세요.

계절이나 시간에 따라서도 보이는 별자리는 달라집니다. 오늘 밤은 어떤 별자리가 보일까요?

봄의 별자리

[이 별하늘이 보이는 시간]

2월 5일 오후 3시경, 2월 20일 오전 2시경, 3월 5일 오전 1시경, 3월 20일 오전 0시경,
4월 5일 오후 11시경, 4월 20일 오후 10시경, 5월 5일 오후 9시경, 5월 20일 오후 8시경

어두운 하늘
별지도 1-1

Note

북두칠성부터 찾아보세요. 북두칠성은 북쪽 하늘에 국자와 같은 형태로 늘어선 일곱 개의
별입니다. 밤하늘의 국자는 손으로 쥐는 손잡이 부분이 부드럽게 휘어 있습니다. 그 휜 부분
을 따라 쭉 나아가면 노르스름하게 빛나는 밝은 1등성(아크투루스)이 있습니다. 더 나아가면
희뿌연 1등성(스피카)을 찾을 수 있습니다. 이 커다란 선을 '봄의 대곡선'이라고 합니다.

※ 별자리를 설명할 때는 해당 별자리의 1등성보다 밝은 별(0등성이나 −1등성)도 1등성이라 부릅니다.

밝은 하늘
별지도 1-2

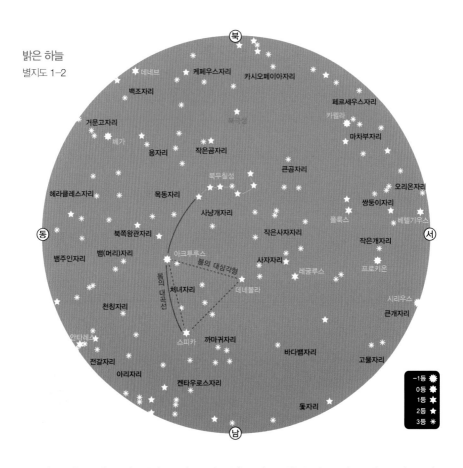

-1등
0등
1등
2등
3등

Note

봄은 북두칠성의 국자로부터 물이 흘러 하늘 전체를 흐리게 한 듯이 전체적으로 희뿌연 안개가 낀 것처럼 보입니다. 특히 눈에 띄는 목동자리의 아크투루스, 처녀자리의 스피카, 사자자리의 데네볼라를 묶은 '봄의 대삼각형'을 찾아보세요. 그 위에 있는 북두칠성은 일곱 개의 별 모두 찾기 어려운 장소도 있습니다. 하늘 밝기의 기준으로 삼아 보세요.

봄의 별자리

[이 별하늘이 보이는 시간]
4월 15일 오후 10시경, 5월 15일 오후 8시경, 6월 15일 오후 6시경

남쪽 하늘

어두운 하늘
별지도 1-3

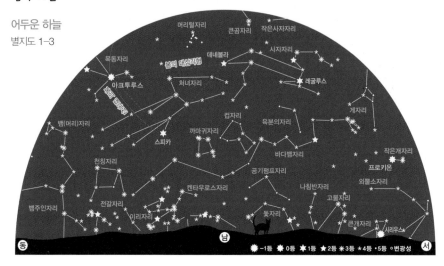

밝은 하늘
별지도 1-4

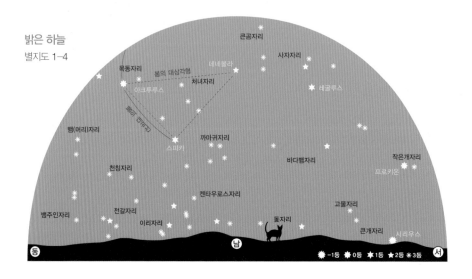

봄의 별을 찾아보세요!

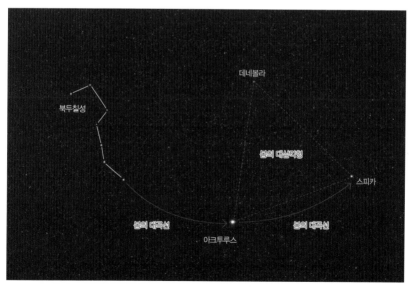

북두칠성을 국자로 보고 손잡이 모양의 끝지점에서 곡선을 만들어 연장하면 밝은 별 두 개가 보입니다. '봄의 대곡선'
입니다. 하나 더 이어서 예쁜 삼각형이 만들어지는 곳에는 2등성인 데네볼라가 있습니다. 데네볼라는 어떤 동물의 꼬
리입니다. 72페이지의 별지도에서 찾아보세요.

봄의 별하늘을 즐기는 방법

많은 꽃이 피어 나들이에 나서고 싶은 계절입니다. 야간 벚꽃 코스에 별하늘도 추가해 보세요. 꽃을 보기 위해 평소보다 불빛이 밝으니 산책을 하면서 눈부심이 적은 장소로 이동하세요.

북두칠성을 국자로 보면 거꾸로 되어 있어 마치 밤하늘에 걸려 있는 것처럼 보입니다. 안에서 물이 흐르기 때문에 봄의 밤하늘은 안개가 낀 것처럼 보인다는 말도 설득력이 있어 보입니다.

북두칠성은 큰곰자리의 일부인데, 커다란 곰의 등에서 꼬리로 이어집니다. 밤하늘의 곰은 꼬리가 기니 더욱 늘여 별자리 찾기의 안내판으로 사용해 보세요. 조금 휜 꼬리를 그대로 연장하면 밝은 별 두 개를 찾을 수 있습니다. 목동자리의 아크투루스와 처녀자리의 스피카. 그리고 이 선이 '봄의 대곡선'입니다. 봄의 옅은 별들 중에서 유달리 눈길을 끄는 것이 아크투루스입니다. 반짝반짝 눈에 도드라집니다.

CHECK!

봄의 북극성 찾는 방법

북두칠성을 국자로 보면 물을 뜨는 곳 끝에 있는 두 개의 별 간격의 5배를 물이 흐르는 방향으로 연장합니다. 기준이 되는 두 별과 비슷한 밝기로 북극성이 홀로 빛나고 있습니다. 주위에 밝은 별이 없어서 의외로 쉽게 찾을 수 있습니다. 북극성은 2등성입니다.

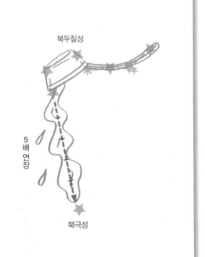

북두칠성

5배 연장

북극성

봄의 별자리를 찾는 방법

큰곰자리

교과서에도 자주 나오는 북두칠성은 쉽게 찾을 수 있는 별들입니다. 북두칠성의 손잡이 부분 끝에서 두 번째의 별을 잘 보면 작은 별이 슬쩍 붙어 있습니다. 밝은 별이 미자르, 어둡고 작은 별이 알코르입니다. 옛날에는 알코르로 시력 검사를 했다고 합니다. 보이는지 한번 찾아보세요.
북두칠성은 곰의 등에서 꼬리로 이어지는 별들입니다. 조금 어둡지만 곰의 머리에 해당하는 별과 발톱의 별도 있습니다.

알코르
미자르
북두칠성

작은곰자리

거의 정북(正北)에 있는 북극성을 꼬리의 끝에 둔 별자리입니다. 북극성에서 작은 북두칠성처럼 나열되어 있습니다. 북극성 이외에는 어두운 별이어서 이들을 이어서 보기는 쉽지 않습니다. 큰곰과 작은곰은 부모와 자식인 별자리입니다.
작은곰자리는 시간이 경과하면 시계 반대 방향으로 회전하는데, 일 년 내내 저물지 않는 별자리입니다.
북극성은 조금씩 다른 별로 바뀝니다. 지구가 25,000년 정도에 걸쳐 목을 돌리듯이 움직이기 때문입니다(세차운동).

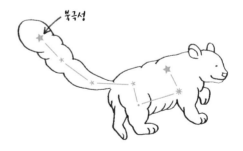

북극성

목동자리

1등성인 아크투루스가 봄의 밤하늘에서 유달리 밝게 도드라집니다. 아크투루스에서 위쪽으로 다섯 개의 별이 넥타이와 같은 형태로 늘어서 있습니다. 초여름에는 콘 아이스크림처럼 보일지도 모르겠네요. '목동'은 소를 기르는 사람을 말합니다. 함께 소를 지키는 두 마리의 사냥개가 '사냥개자리'로 그려져 있습니다. 목동자리와 사냥개자리는 이어진 것처럼 보이지만 다른 별자리입니다.

아크투루스

처녀자리

1등성인 스피카가 하얗게 빛납니다. 노르스름한 아크투루스와 색의 차이를 비교해 보세요. 스피카는 아크투루스보다 조금 늦게 뜨고 일찍 저뭅니다. 스피카에서 서쪽(오른쪽)으로 알파벳의 Y를 옆으로 눕힌 듯이 어두운 별이 늘어서 있는데, 전체를 파악하기는 조금 어려울 수도 있습니다. 아주 큰 별자리이니 시야를 넓게 펼쳐 보세요.

스피카

사자자리

북극성을 찾을 때 사용한 북두칠성의 두 별을 북극성과 반대 방향으로 쭉 늘이면 1등성인 레굴루스가 있습니다. 레굴루스의 위에 2~3등성이 다섯 개. 물음표를 반전시킨 형태로 늘어서 있습니다. 이곳이 사자의 갈기입니다. 여기에서 동쪽(왼쪽)으로 2등성인 데네볼라가 있습니다. 데네볼라는 사자의 꼬리라는 뜻입니다. 스피카, 아크투루스와 이으면 봄의 대삼각형이 됩니다.

데네볼라

레굴루스

게자리

게자리의 별들은 대체로 어둡고 눈에 잘 띄지 않습니다. 사자자리의 레굴루스와 쌍둥이자리의 카스토르, 폴룩스의 사이에 있다고 생각하고 달이 밝은 날을 피해서 찾아보세요. Y를 옆으로 둔 듯한 별의 나열입니다. 한가운데가 게의 등딱지인데, 어렴풋이 프레세페성단이 있습니다. 프레세페성단은 육안으로 볼 수 있습니다. 먼저 사자자리를 찾은 후 사자의 시선 끝에 두둥실 떠 있는 프레세페성단을 찾아보세요.

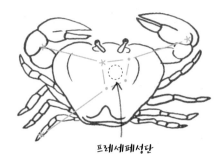

프레세페성단

까마귀자리

봄의 대곡선 끝에 네 개의 별이 조금 일그러진 사각형을 만든 것 같이 위치해 있습니다. 남쪽 하늘이 트인 장소에서 찾아보세요. 밝은 별은 아니지만 의외로 쉽게 찾을 수 있습니다.

별자리의 까마귀는 옛날에는 은색 날개를 가지고 사람의 말을 할 수 있었습니다. 하지만 어느날 신에게 거짓말을 해서 말을 빼앗기고 날개도 검게 칠해져 버렸다고 합니다. 별자리가 된 지금은 밤하늘에서 여유롭게 지상을 내려다보고 있을 거예요.

PICK UP!

바다뱀자리

하늘 전체에서 가장 큰 별자리입니다. 머리를 내밀고 나서 꼬리 끝이 나올 때까지 일곱 시간 정도 걸립니다. 밝은 별이 없으니 사자자리 같이 봄의 별자리 아래쪽에서 동쪽으로 구불구불 이어지는 어두운 별의 배열을 찾아보세요.

봄의 별자리 이야기

큰곰과 작은곰

달과 사냥의 여신 아르테미스를 섬기는 숲의 요정들은 평생 결혼하지 않고 충성을 다하기로 맹세했습니다. 하지만 제우스의 눈에 띈 아름다운 요정 칼리스토는 제우스의 아이를 낳았고, 화가 난 아르테미스에 의해 곰의 모습으로 변하고 말았습니다.

칼리스토의 아들 아르카스는 훌륭한 사냥꾼으로 성장하였는데, 어느 날 칼리스토가 사는 숲속 깊은 곳에 들어가게 되었습니다. 아르카스를 본 칼리스토는 자신이 곰의 모습인 것을 잊고 무심결에 아들에게 달려들었습니다. 커다란 곰이 달려오는 것에 놀란 아르카스는 어머니에게 활을 겨눴습니다. 이를 본 제우스가 놀라 아르카스도 곰의 모습으로 바꾸어 둘을 밤하늘로 올려 보냈습니다.

칼리스토가 큰곰, 아르카스가 작은곰의 모습이 되었고, 밤하늘에서 술래잡기를 하듯 사이좋게 떠 있습니다.

목동자리

그려져 있는 인물은 제우스와의 싸움에서 패한 거인족의 한 명인 아틀라스입니다. 아틀라스(Atlas)에게는 하늘을 떠받치는 일이 주어졌습니다. 이 일은 아주 괴로웠고, 시간이 흘러 이끼가 끼고 숲이 생겼습니다. 너무나 가혹한 고통에 지나가던 페르세우스에게 말을 걸어 자신을 아무런 감각도 없는 돌로 변하게 해 달라고 부탁했습니다. 페르세우스는 보는 자는 모두 돌이 되는 괴물 메두사의 목을 들고 있었습니다. 돌이 된 아틀라스의 모습은 아프리카 북서부에서 아틀라스 산맥으로 볼 수 있습니다. 아틀라스가 내려다보고 있는 바다는 대서양 (Atlantic Ocean)입니다.

여름의 별자리

어두운 하늘
별지도 2-1

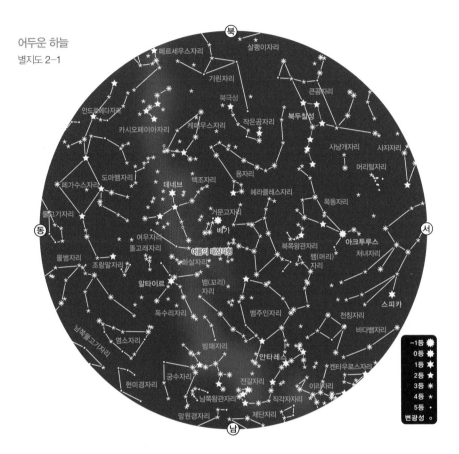

> ### Note
>
> '여름의 대삼각형'은 커다란 삼각자와 같이 놓인 세 개의 별입니다. 모두 밝아서 도시에서도
> 잘 보입니다. 이 삼각형이 보이면 세 개의 별자리를 더 찾을 수 있게 됩니다.
> 남쪽으로는 안타레스, 서쪽으로는 아직 아크투루스가 밝게 보입니다. 조건이 좋은 하늘에서
> 는 대삼각형을 지나 전갈자리까지 은하수가 짙고 크게 보입니다.

밝은 하늘
별지도 2-2

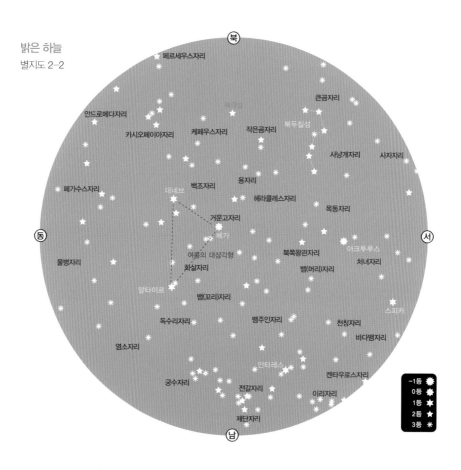

Note

여름의 밤하늘에는 뭐니 뭐니 해도 '은하수'라고들 하는데, 도시에서는 보이지 않습니다. 은하수는 여름의 대삼각형 사이를 지나는 연한 빛의 띠 형태로 볼 수 있습니다. 여름의 대삼각형은 도시에서도 잘 볼 수 있으니, 그 주변에 은하수가 있다고 상상해 보세요.
여름의 대삼각형에서 쭉 남쪽 하늘 낮게, 전갈자리의 1등성 안타레스가 반짝입니다. 남쪽의 낮은 하늘에 뜨기 때문에 밤하늘에 있는 기간이 짧고, 볼 수 있는 시기는 여름뿐입니다.

여름의 별자리

[이 별하늘이 보이는 시간]
7월 15일 오후 10시경, 8월 15일 오후 8시경, 9월 15일 오후 6시경

남쪽 하늘

어두운 하늘
별지도 2-3

밝은 하늘
별지도 2-4

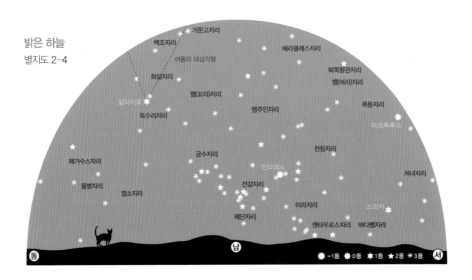

여름의 별을 찾아보세요!

밝은 별 세 개가 눈에 띕니다. 모두 1등성이어서 도시에서도 찾을 수 있습니다. 세 별을 묶어 만드는 삼각형이 '여름의 대삼각형'입니다. 각 별자리의 별을 어디까지 찾을 수 있는지 이 사진을 보면서 도전해 보세요. 희뿌연 빛의 띠는 은하수입니다.

여름의 별하늘을 즐기는 방법

추위가 물러가고 밤에도 지내기 편한 계절입니다. 저녁 바람도 쐴 겸 별을 보러 나서 보세요. 여름의 대삼각형은 길에서도 눈에 띕니다. 밝기는 각각 다르니 비교해서 보세요. 첫 번째와 두 번째로 밝은 별은 우리에게 친숙한 별입니다. 여름의 별자리 이야기를 봐 주세요. 삼각형을 이어서 조각 케이크로 생각하고 딸기를 올리거나해서 자신만의 별자리를 만들어 보는 것은 어떠세요?

캠핑을 할 수 있는 장소라면 바비큐 파티 등으로 흥이 오르는 것도 즐거울 거예요. 정리까지 말끔히 하면 다음은 잠자리에 들 시간입니다. 하지만 여유롭게 별하늘 산책을 해 보세요. 단, 여름에도 밤에는 의외로 싸늘할 수 있으니 복장에 주의하세요(63페이지 참조). 텐트에는 벌레를 쫓는 패치 등을 붙이면 안심이 됩니다.

여름의 밤하늘은 낮 동안의 뜨거웠던 대기가 식어 조금 일렁이듯 보이거나 합니다. 그럴 때 지구라는 별이 대기에 휩싸여 있다는 것을 마음속 깊이 느낍니다.

CHECK!

여름의 북극성을 찾는 방법

먼저 밝고 눈에 띄는 직삼각형 형태의 '여름의 대삼각형'을 머릿속에 떠올리세요. 짧은 변의 베가와 데네브를 잇는 선을 중심으로 알타이르를 뒤집습니다. 알타이르가 닿는 곳 부근에 있는 밝은 별이 북극성입니다. 주위에 그리 밝은 별이 없어서 북극성만 홀로 빛나고 있을 것입니다(76~77페이지도 참고하세요).

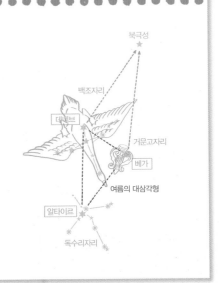

여름의 별자리를 찾는 방법

거문고자리

1등성인 베가가 하얗게 빛납니다. 여름의 대삼각형에서 가장 밝고 길에서도 쉽게 찾을 수 있는 별입니다. 베가 근처에서 어둡게 빛나는 별이 두 개 있는데, 베가와 연결하면 작은 삼각형이 됩니다. 베가가 새의 몸통이며, 작은 날개를 접어 급강하하는 듯이 보입니다. 베가는 아라비아어로 '떨어지는 독수리'라는 뜻입니다.

베가의 왼쪽 아래에는 평행사변형을 만든 것 같은 네 개의 별이 있습니다. 거문고의 현이 되는 부분입니다. 신화에서는 음악의 명수 오르페우스의 거문고 현이 하늘로 올라가 별자리가 되었습니다. 무릎에 올려서 현을 뜯는 서양의 거문고로, 하프의 원형인 '리라'라는 악기입니다.

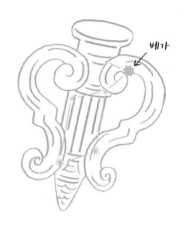

베가

독수리자리

독수리자리의 1등성 알타이르는 여름의 대삼각형에서 두 번째로 밝습니다. 알타이르의 양쪽에 작은 별이 하나씩 있습니다. 마치 알타이르를 중심으로 새가 날개를 펼친 듯이 보여서 아라비아어로 '나는 독수리'라는 뜻의 알타이르라고 이름 지어졌습니다.

이 독수리는 제우스가 변신한 모습이라고도 합니다. 별자리 그림에서는 자주 가니메데스 소년을 데리고 날아오르는 상황이 그려져 있습니다. 가니메데스는 신의 나라에서 술을 따르는 일을 하면서 성장하여 독립된 별자리가 되었습니다. 뒷이야기는 가을의 별자리 물병자리를 봐 주세요.

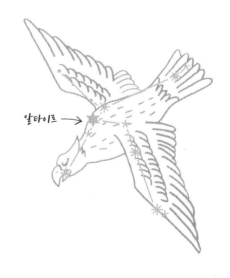

알타이르

백조자리

1등성인 데네브는 지구에서 1500광년 이상 떨어진 거리에 있는 거대한 별입니다. 데네브에서 한자 '十'과 같이 별이 늘어서 있습니다. 남십자와 대비시켜 이를 북십자라고도 합니다. 데네브를 꼬리로 하는 커다란 날개를 펼친 백조로 보고 있습니다. 이 백조도 독수리자리처럼 제우스가 변신한 모습입니다. 백조의 모습으로 아름다운 공주를 만나러 갔다고 합니다. 제우스는 이처럼 밤하늘의 여기저기에 모습을 바꿔 묘사되고 있습니다.

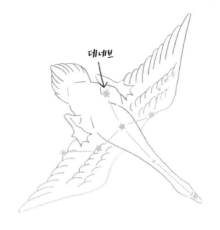

데네브

전갈자리

1등성인 안타레스가 남쪽 하늘에서 눈에 띕니다. 안타레스 주위의 별을 이으면 낚싯바늘과 같은 형태가 됩니다. 바다에 둘러싸인 일본에서는 '낚시별'이라고 불렸습니다. 뉴질랜드에서도 낚싯바늘로 비유한 이야기가 전해지고 있습니다. 낮기 때문에 보이는 시기가 여름의 다른 별자리보다 짧은 것이 흠이지만 전갈자리를 보면 여름을 느끼게 됩니다. 남쪽으로 갈수록 높아 보입니다.

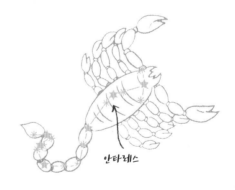

안타레스

사수자리

전갈자리의 동쪽에 여섯 개의 별이 작은 국자와 같은 모양으로 떠 있습니다. 남쪽 하늘에서 여섯 개의 별이 만드는 작은 국자라는 뜻에서 남두육성이라고 합니다(북쪽 하늘에서 일곱 개의 별이 만드는 커다란 국자는 북두칠성). 사수자리는 어두운 별이 많으니 먼저 남두육성을 찾으세요. 은하수는 영어로 'Milky Way(우유로 된 길)'라고 하는데, 작은 국자로 우유를 뜨는 것처럼 보이기 때문에 밀크 디퍼(Milk Dipper)라고도 불립니다.

남두육성

⭐ 천칭자리

세 개의 3등성이 ')' 형태로 떠 있습니다. 찾기는 좀 어려울 수 있습니다. 전갈자리의 서쪽(앞)에 있습니다. 신화에 따르면 사람의 영혼을 재는 천칭으로, 정의의 여신 아스트라이아(처녀자리)가 사용하는 도구입니다.

추분점은 지금은 처녀자리로 이동했지만, 옛날에는 여기에 있어서 낮과 밤을 공평하게 나누었기 때문에 시간을 재는 도구로 여겨졌을지도 모르겠습니다.

* *

뱀주인자리와 뱀자리

라스 알하게

전갈자리의 위를 보면 접시에 올린 푸딩처럼 별이 떠 있습니다. 별자리 그림은 아스클레피오스라는 의사를 그린 것입니다. 어떤 환자도 고치는 명의였는데, 죽은 자도 살렸기 때문에 제우스가 세상의 질서가 무너지는 것을 막기 위해 죽은 후 밤하늘로 올려 보냈다고 합니다.

뱀주인자리 머리 부분의 2등성 라스 알하게는 여름의 대삼각형인 베가와 알타이르를 이은 선을 베가를 중심으로 반전시켜 데네브가 오는 자리 주변에 있습니다.

* *

헤라클레스자리

뱀주인자리와 머리를 맞대듯이 헤라클레스 머리의 별, 3등성인 라스 알게티가 있습니다. 그 위로 헤라클레스의 이니셜 H와 같은 별의 배열을 찾아보세요.

헤라클레스는 12가지 위대한 모험을 한 그리스 신화에 등장하는 영웅으로, 그가 쓰러트린 몇몇 괴물도 별자리가 되었습니다. 게자리, 사자자리, 바다뱀자리 등도 헤라클레스에게 쓰러졌습니다.

라스 알게티

※ **춘분점과 추분점** : 하늘의 적도와 황도(48페이지 참조)가 교차하는 두 점으로, 태양이 남쪽에서 북쪽으로 이동하는 점을 '춘분점', 북쪽에서 남쪽으로 이동하는 점을 '추분점'이라고 합니다.

여름 별자리 이야기

칠석

은하수를 끼고 서쪽과 동쪽으로 옥황상제의 손녀인 직녀와 목동인 견우가 살고 있었습니다. 부부가 된 이 둘이 매일 놀기만 하면서 일은 소홀히 하자 화가 난 옥황상제는 둘을 다시 떼어 놓았습니다. 하지만 울기만 하는 모습이 가여워 일 년에 한 번 둘이 만나는 것을 허락했습니다. 직녀는 까마귀와 까치들이 만든 은하수의 다리(오작교)를 건너 일 년에 한 번 견우를 찾아갔습니다.

칠석 전설은 이야기의 내용은 조금씩 다르지만 한국과 중국, 일본에서 모두 볼 수 있는데, 원래는 중국에서 유래되었습니다. 참고로 칠석날 저녁에 비가 내리면 견우와 직녀가 만나 흘리는 기쁨의 눈물이고, 이튿날 새벽에 내리는 비는 이별의 눈물이라고 전해집니다.

거문고자리의 베가가 직녀성, 독수리자리의 알타이르가 견우성입니다.

북쪽왕관자리

부인이 될 사람에게 선물한 왕관으로, 어두운 별들이 반원 형태로 떠 있습니다. 목동자리 아래 주변을 찾아보세요. 고대 그리스에서는 남쪽왕관자리와 함께 북쪽과 남쪽의 관으로 함께 기록되어 있습니다.

가을의 별자리

[이 별하늘이 보이는 시간]
8월 5일 오전 3시경, 8월 20일 오전 2시경, 9월 5일 오전 1시경, 9월 20일 오전 0시경,
10월 5일 오후 11시경, 10월 20일 오후 10시경, 11월 5일 오후 9시경, 11월 20일 오후 8시경

어두운 하늘
별지도 3-1

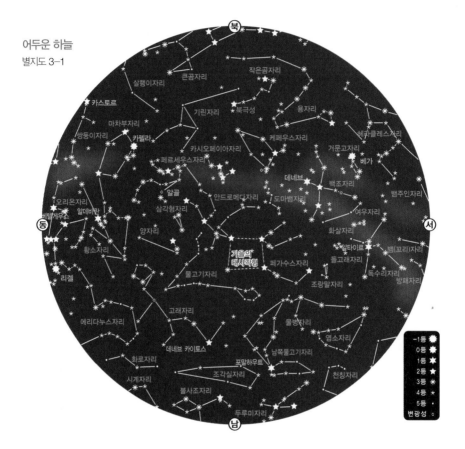

Note

별을 찾는 표식은 네 개의 별이 만드는 커다란 '가을의 대사각형'입니다. 이곳은 페가수스자
리입니다. 위에는 카시오페이아자리가 알파벳 W와 같은 형태로 보입니다. 천마 페가수스의
배 부근의 별에서부터 이어지는 것은 안드로메다자리입니다. 페가수스자리의 동쪽 별을 북
극성과 반대로 아래쪽으로 이으면 돌고래자리의 2등성 데네브 카이토스, 서쪽 별을 아래로
이으면 가을의 별자리에서 유일한 1등성인 남쪽물고기자리의 포말하우트가 보입니다.

밝은 하늘
별지도 3-2

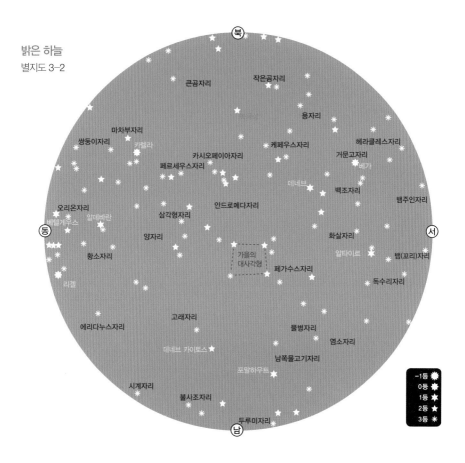

-1등	✸
0등	✴
1등	★
2등	✭
3등	✳

Note

가을에는 그리 밝은 별이 없습니다. 가을의 밤하늘에는 고대 에티오피아 왕가의 이야기에 등장하는 인물이 모이는데, 도시에서는 모두 보기 어렵습니다. 아랍어로 '물고기의 입'이라는 뜻의 포말하우트, 왼쪽 위에서 고래의 꼬리에 있는 별 데네브 카이토스, 여기에서 쭉 올라가 천정 부근에 있는 '가을의 대사각형'을 찾아보세요. 별지도에서 보는 것보다 훨씬 커서 놀랄 지도 몰라요. 유명한 카시오페이아자리의 별은 세 개 정도 보일까요?

가을의 별자리

[이 별하늘이 보이는 시간]
10월 15일 오후 10시경, 11월 15일 오후 8시경, 12월 15일 오후 6시경

남쪽 하늘

어두운 하늘
별지도 3-3

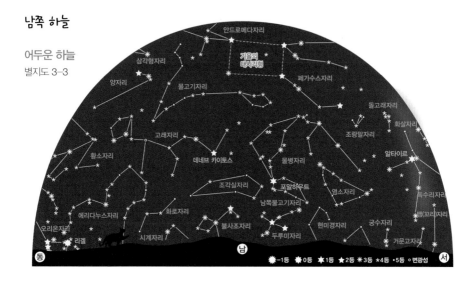

밝은 하늘
별지도 3-4

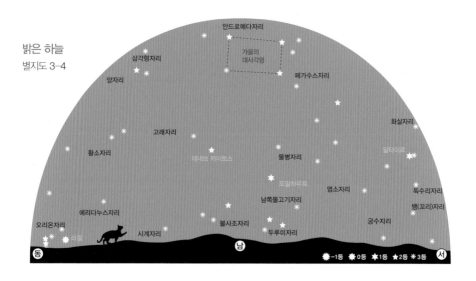

가을의 별을 찾아보세요!

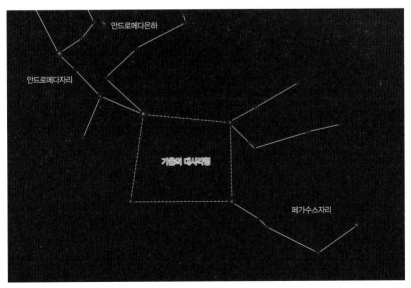

밝은 별이 적은 가을. 머리 높은 곳에 네 개의 별이 커다란 사각형을 만들며 떠 있습니다. 바로 '가을의 대사각형'입니다.
커다란 사각형을 기준으로 가을의 별자리를 찾아보세요.

가을의 별하늘을 즐기는 방법

여름의 강한 햇볕도 한풀 꺾이고, 별하늘도 서서히 안정되어 보입니다. 밝은 별은 적지만 고대 에티오피아 왕가 이야기의 등장인물들이 별자리가 되어 모여 있습니다. 이야기를 읽고 나서 별하늘을 올려다보면 옛사람들이 생각해 낸 등장인물이 별자리가 되어 지금도 계속 살아 있는 듯한 이상한 기분이 듭니다. 별자리의 신화는 하늘을 이어서 외우는 데 도움을 줍니다. 하늘 전체를 한 권의 그림책처럼 즐겨 보세요. 그런데 가을은 달구경을 하기 좋은 계절입니다. 한국에서는 추석에 보름달을 보는 풍습이 있는데, 추석 당일보다는 다음날이 더 둥글다고 합니다.

CHECK!

가을의 북극성을 찾는 방법

카시오페이아자리에서 시작합니다. 카시오페이아를 두 개의 산에 비유합니다. 산기슭에서 정상으로 각각 연장하여 교차하는 곳에서 정중앙의 별까지 거리의 5배 되는 위치에 있습니다.
또는 '가을의 대사각형'의 동쪽 별 두 개를 이어 연장해 가면 카시오페이아자리가 나오는데, 더 나아가면 북극성이 있습니다.

북극성

카시오페이아자리

안드로메다자리

가을의 대사각형

페가수스자리

가을의 별자리를 찾는 방법

페가수스자리와 안드로메다자리

머리 높이 네 개의 별이 만드는 커다란 사각형이 '가을의 대사각형'인데, 이곳이 페가수스자리입니다. 페가수스는 등에 날개가 돋은 천마입니다.

페가수스의 배에 있는 별을 머리로 둔 A와 같은 별의 나열은 안드로메다자리입니다. 머리의 별은 원래 페가수스자리였지만 1930년에 열린 국제회의에서 안드로메다자리의 별이 되었습니다. A의 한가운데에서 조금 떨어진 곳에서 희뿌옇게 빛나는 것은 안드로메다은하입니다.

안드로메다은하

카시오페이아자리

W 또는 M과 같은 별의 배열이 특징입니다. 북극성을 찾기에도 편리해서 유명한 별자리인데, 그리 밝은 별이 없어 눈에 확 띄지는 않습니다. 그래도 특징이 있는 배열은 한 번 보면 잊을 수 없을 거예요.

카시오페이아는 안드로메다 공주의 어머니입니다. 신화에서는 딸의 미모를 자랑한 탓에 고대 에티오피아 왕국은 큰 어려움을 겪었는데, 지금도 딸이 걱정이 되는지 옆에서 지켜보고 있는 것 같습니다.

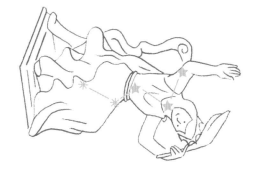

물병자리와 남쪽물고기자리

남쪽물고기자리의 포말하우트는 가을 하늘에서 유일한 1등성입니다. 남쪽 하늘에서 밝게 눈에 띕니다. 별자리 그림은 붕어빵 모습의 물고기입니다. 물병에서 흘러넘치는 물을 맛있게 마시고 있습니다.

포말하우트에 의지해 하늘 위를 보다 보면 Y처럼 배열된 네 개의 별이 있습니다. 여기는 물병에 해당하는 곳인데, 이 물병을 들고 있는 것은 독수리자리의 그림에서 자주 그려지는 가니메데스 소년이 성장한 인물입니다.

포말하우트

* *

페르세우스자리

안드로메다자리의 동쪽에서 '사람 인(人)'과 같은 형태로 떠 있습니다. 人이라는 한자의 오른쪽 끝에 괴물 메두사의 머리에 해당하는 알골이라는 별도 있습니다. 알골은 두 별이 서로 돌기 때문에 밝기가 주기적으로 변하는 것처럼 보입니다. 페르세우스는 메두사의 머리를 들고 안드로메다 공주의 발밑에서 공주를 지켜보고 있습니다. 페르세우스자리가 뜨면 서서히 겨울의 별자리가 얼굴을 내밀기 시작합니다.

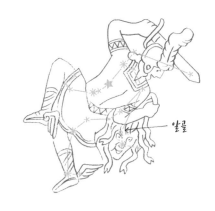

알골

* *

염소자리

여름의 대삼각형을 이루는 베가, 알타이르를 밑으로 연장한 끝에 희미한 별들이 역삼각형 형태로 떠 있습니다. 왼쪽 아래쪽에는 가을의 별자리 중 유일하게 1등성인 포말하우트가 빛납니다. 하트 모양 또는 살짝 미소를 띤 입처럼도 보입니다. 옛사람들은 이곳에서 영혼이 천국으로 간다고 여겼다고 합니다.

1846년, 독일의 천문학자 요한 고트프리트 갈레에 의해 해왕성이 염소자리의 위치에서 발견되었습니다.

양자리

'가을의 대사각형' 동쪽에 있는 두 개의 별을 이은 후 더 동쪽으로 이어 가면 뿔에 해당하는 두 개의 별이 있습니다. 겨울 별자리인 황소자리의 어깨에 있는 플레이아데스성단과 페가수스자리 사이의 주변, 고래자리의 위입니다.

별자리가 만들어졌을 무렵에는 춘분점(84페이지 참조)이 여기에 있었습니다. 봄의 태양이 이 별자리에 와서 춘분을 맞이했습니다(별하늘은 오랜 세월에 걸쳐 변하기 때문에 춘분점은 지금은 이웃한 물고기자리에 있습니다).

* *

물고기자리

페가수스의 남동쪽 별을 감싸듯이 떠 있습니다. 오른쪽으로 치우친 커다란 V와 같은 배열의 끝에 각각 동그라미를 그린 듯이 별이 있습니다. 별들은 어둡지만 페가수스의 등에 실은 커다란 체리와 같이 귀엽습니다.

별자리 그림에서는 둥근 부분이 물고기, 커다란 V는 두 마리의 물고기를 묶은 리본입니다. 물고기는 모자인데, 비너스와 큐피드입니다. 큐피드가 가진 화살은 '화살자리'라는 별자리가 되어 있는데, 제우스의 마음도 휘둘렀던 모양입니다.

* *

고래자리

가을의 대사각형 동남쪽의 별 두 개를 이어 그대로 내리면 2등성인 데네브 카이토스가 있습니다. 남쪽물고기자리의 포말하우트 왼쪽 방향입니다. 별의 이름에 자주 등장하는 데네브는 '꼬리'라는 뜻입니다. 머리와 몸은 찾기 어려우니 데네브 카이토스에서 동쪽 부근이 고래자리라고 생각하면 됩니다. 이는 고대 에티오피아에 보내진 괴물 고래 티아마트의 모습입니다.

데네브 카이토스

가을의 별자리 이야기

고대 에티오피아 왕국

카시오페이아 왕비와 케페우스 왕에게는 아름다운 안드로메다라는 딸이 있었습니다. 어느 날 카시오페이아는 "내 딸은 바다의 요정들(네레이데스)보다 아름답다"며 자랑을 했고, 이를 들은 요정들은 바다의 신 포세이돈에게 호소했습니다. 포세이돈은 호소를 듣고 에티오피아로 괴물 고래 티아마트를 보내어 습격했습니다. 케페우스가 신에게 빌자 안드로메다를 티아마트에게 바치면 분노를 거두겠다고 했습니다. 안드로메다는 이 사실을 알게 된 사람들에 의해 바다의 바위에 쇠사슬로 묶이고 말았습니다. 티아마트가 다가오자 안드로메다는 공포로 인해 눈을 감았고 때마침 지나가던 천마 페가수스를 탄 페르세우스가 메두사의 머리를 이용해 티아마트를 커다란 바위로 변하게 하여 안드로메다 공주를 구했습니다. 안드로메다와 페르세우스는 그 후 행복하게 살았다고 합니다.

PICK UP!

돌고래자리

독수리자리의 알타이르의 동쪽에 있으며, 작은 이삭 모양이 표식입니다. 이삭의 끝과 이어진 곳에 꼬리에 해당하는 별도 있으며, 마름모꼴 모양으로 떠 있습니다. 별자리 그림에서는 머리가 큰 해마와 같은 모습입니다. 이는 음악의 신 아리온을 도운 돌고래입니다.

조랑말자리

페가수스의 코끝에 조랑말의 별자리가 있습니다. 돌고래자리의 조금 아래에 삼각형 모양으로 떠 있는 별들입니다. 조랑말에 대해서는 여러 설이 있는데, 정설은 없는 것 같습니다. 귀여운 별자리이니 돌고래자리와 함께 찾아보세요.

※ 가을에 물과 관련된 별자리가 많은 것은 별자리가 태어난 고향 메소포타미아 지방에서 태양이 이 주변에 올 때 우기가 찾아왔기 때문입니다.

겨울의 별자리

어두운 하늘
별지도 4-1

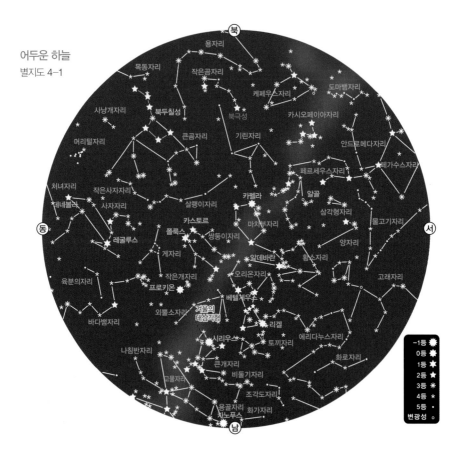

> ### Note
>
> 차분한 가을의 별자리가 서쪽으로 기울면 동쪽으로부터 북적북적한 겨울의 별자리가 떠오르
> 기 시작합니다. 겨울의 별자리 찾기 기준은 뭐니 뭐니 해도 오리온자리입니다. 오리온자리의
> 중앙에는 세 개의 별(삼형제별)이 예의 바르게 떠 있습니다. 삼형제별을 오른쪽 위로 연장해
> 가면 황소자리, 왼쪽 아래로 연장해 가면 큰개자리가 있습니다. 큰개자리의 1등성 시리우스,
> 작은개자리의 1등성 프로키온, 오리온자리의 1등성 베텔게우스가 '겨울의 대삼각형'입니다.

밝은 하늘
별지도 4-2

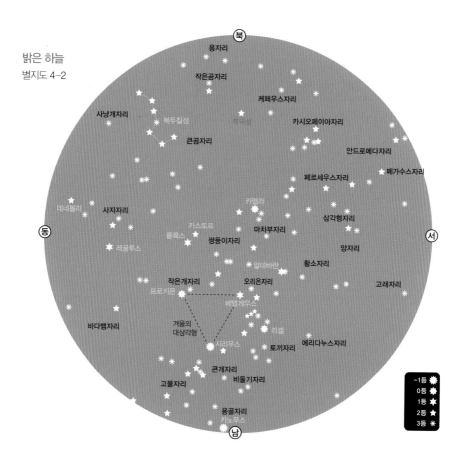

Note

겨울에는 별자리를 만드는 21개의 1등성 중 일곱 개를 볼 수 있습니다. 밝은 별을 비교해 보면 색도 조금씩 다릅니다. 색의 차이는 밝기의 차이보다 알기 어려울 수 있는데, 오렌지색, 흰색, 노란색 등 다양하니 비교해 보세요. 가장 찾기 쉬운 별자리인 오리온자리는 지평선 근처에서 더욱 웅대하게 보입니다. 오리온자리는 1등성 두 개, 2등성 다섯 개가 있어 밝고, 형태도 잘 갖춰져 있기 때문에 도시에서도 쉽게 알 수 있습니다.

겨울의 별자리

[이 별하늘이 보이는 시간]
1월 15일 오후 10시경, 2월 15일 오후 8시경, 3월 15일 오후 6시경

남쪽 하늘

어두운 하늘
별지도 4–3

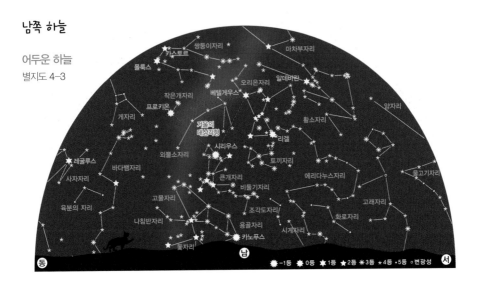

밝은 하늘
별지도 4–4

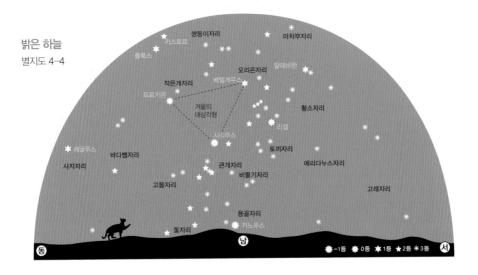

겨울의 별을 찾아보세요!

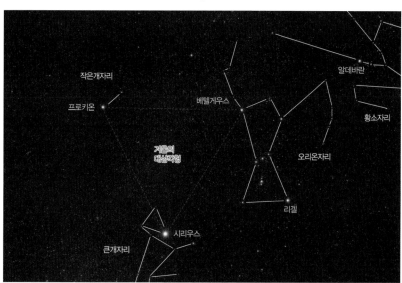

작은개자리
알데바란
프로키온
베텔게우스
황소자리
겨울의
대삼각형
오리온자리
리겔
시리우스
큰개자리

오리온자리는 쉽게 찾을 수 있는 대표적인 별자리입니다. 나란한 '삼형제별'을 찾으면 시야를 넓혀 보세요. 낮은 위치에 한층 눈에 띄는 시리우스와 이어 '겨울의 대삼각형'도 찾아보고, 오리온자리의 서쪽에 있는 황소자리 등 어디까지 찾을 수 있는지 도전해 보세요.

겨울 별하늘을 즐기는 방법

따뜻한 방에서 지내고 싶은 겨울입니다. 하지만 실은 공기가 맑고 밤이 길어서 별을 보기에는 딱 좋은 계절입니다. 그래서 바람의 향기가 바뀌어 겨울이 찾아오면 다소 설렘니다.

겨울은 일 년 중 밝은 별이 가장 많이 보이는 계절입니다. 별자리를 만드는 별에는 1등성이 스물한 개 있는데, 겨울에는 그 중 일곱 개가 보입니다. 밝은 별을 기준으로 하면 분명 별자리도 찾을 수 있을 것입니다. 따뜻한 복장으로 갈아입고 별하늘 아래로 나가 보세요. 도시의 조명에도 불구하고 밝은 별이 반짝입니다.

겨울의 대삼각형을 찾으면 별지도를 참고하여 밝은 1등성을 이어서 커다란 다이아몬드와 같은 육각형을 만들어 보세요. 오리온자리의 왼쪽 발에 있는 1등성 리겔에서 알데바란, 카펠라, 폴룩스, 프로키온, 시리우스 이 여섯 별은 색깔도 다양하니 즐거운 기분으로 이어 보세요.

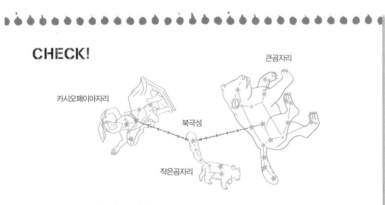

CHECK!

카시오페이아자리

큰곰자리

북극성

작은곰자리

겨울의 북극성을 찾는 방법

카시오페이아자리나 북두칠성을 통해 찾을 수있습니다. 카시오페이아자리에서 찾는 방법은 가을의 별자리(90페이지), 북두칠성으로 찾는 방법은 봄의 별자리(70페이지)를 참고해 주세요. 이 둘 사이에 긴 듯이 북극성이 위치해 있습니다.

겨울의 별자리를 찾는 방법

오리온자리

두 개의 1등성과 다섯 개의 2등성이 만드는 별자리입니다. 밝은 별과 특징적인 별의 배열로, 별자리를 몰라도 '뭐지?' 하고 눈에 띌 만큼 쉽게 찾을 수 있습니다. 처음 알게 된 별자리가 오리온자리라는 사람도 많을 것입니다. 주위에 네 개의 별이 직사각형을 만들고, 안에 세 개의 별이 같은 간격으로 늘어서 있습니다. 이 세 개의 별을 '삼형제별'이라고 부릅니다.
왼쪽 위로 불그스름한 1등성 베텔게우스. 오른쪽 아래로 희뿌연 1등성 리겔이 빛나고 있습니다.

황소자리

오리온자리의 삼형제별을 오른쪽 위로 연장하면 황소자리의 1등성 알데바란을 볼 수 있습니다. 오렌지색의 밝은 별이어서 분명 쉽게 알 수 있을 것입니다. 황소의 오른쪽 눈에 해당하는 별입니다. 거기에서 알파벳 V와 같이 별이 늘어서 있는데, 많은 별이 흩어져 있습니다. 이들은 히아데스성단으로, 황소의 얼굴 부분입니다. 더 연장하면 여러 별이 뒤섞여 있는 듯한 플레이아데스성단이 있는데, 이는 '묘성'으로 불리기도 합니다. 불빛이 적은 장소에서 찾아보세요.

큰개자리

시리우스는 눈에 잘 띄기 때문에 옛날부터 주목을 받아 왔습니다. 5,000년 전의 고대 이집트에서는 시리우스가 일출 전에 뜨면 나일강의 물이 불어나기 시작했습니다. 나일강의 범람은 공포였지만 풍요로운 토양을 가져오는 은혜이기도 해서 그 시기를 알려 주는 시리우스는 중요한 별이었습니다. 시리우스는 1년이 경과하면 또 다시 같은 곳에서 뜨기 때문에 당시 사람들은 이를 달력으로 삼았습니다. 이것이 로마로 전해져 지금 우리가 쓰는 태양력의 근본이 되었습니다.

시리우스

* *

작은개자리

큰개자리의 시리우스 왼쪽 위에 1등성인 프로키온이 있습니다. 프로키온은 '개보다 먼저'라는 뜻입니다. 시리우스가 뜨는 시기를 알리는 중요한 별이었습니다. 작은개자리는 프로키온과 3등성인 고메이사로 만들어지는데, 이를 통해 개의 모습을 상상하기에는 상당한 상상력이 필요합니다. 사슴이 된 주인을 물어 죽이고 만 메란포스라는 개인데, 돌아올 리 없는 주인을 언제까지나 계속 기다렸습니다. 고메이사는 '눈물에 젖은 눈'이라는 뜻의 별입니다.

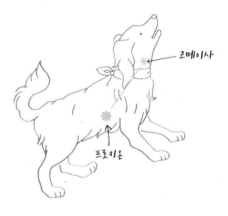

고메이사

프로키온

* *

★ 쌍둥이자리

작은개자리 근처에 있는 것인 동생인 폴룩스(1등성), 다른 하나가 형인 카스토르(2등성)입니다. 동생은 제우스의 피를 이어받았지만 형은 인간이었기 때문에 언젠가 생을 마감하는 날이 옵니다. 이를 슬퍼한 폴룩스가 제우스에게 간청하여 밤하늘에서 계속 함께 있을 수 있게 되었다고 합니다.
일본에서는 '고양이의 눈별'이라는 이름이 있습니다. 저는 빙글빙글 표정을 바꾸는 고양이의 눈을 상상하면서 밝기의 차이를 즐기고 있습니다.

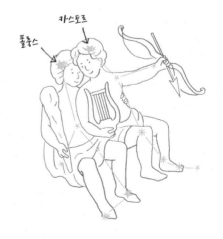

카스토르

폴룩스

마차부자리

카펠라

쌍둥이자리와 황소자리 사이에 있는 별자리입니다. 황소의 뿔 끝에서 오각형을 그리듯이 별이 떠 있습니다. 아주 밝은 크림색으로 빛나는 것은 1등성인 카펠라입니다. 표면 온도가 태양과 비슷한 6,000도 정도여서, 태양도 멀리서 보면 저렇게 보일까 하고 상상하면 즐겁습니다. 카펠라의 뜻은 '작은 숫염소'입니다. 별자리의 그림에서는 염소를 안은 남자가 그려져 있습니다. 마차부는 마차를 조종하는 사람입니다.

* *

토끼자리

오리온자리의 발밑에 귀여운 별자리가 있습니다. 남쪽으로 되도록 확 트인 장소에서 낮은 곳을 찾아보세요.
오리온자리의 리겔 아래(남쪽)에 드러누운 H와 같은 별의 배열이 토끼의 몸입니다. 귀에 해당하는 별도 있습니다.
토끼가 바라보는 끝에는 크림슨 스타(Hind's Crimson Star, 진홍의 별)라는 6등성이 있는데, 토끼의 붉은 눈에 딱 맞습니다.

PICK UP!

카노푸스를 찾는 방법

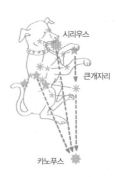

시리우스

큰개자리

카노푸스

용골자리의 1등성 카노푸스는 남쪽 하늘 낮은 곳에서 찾을 수 있기 때문에 보면 장수할 수 있다고 전해졌습니다. 큰개자리의 앞발과 뒷발의 끝을 이어 아래로 쭉 연장하면 찾을 수 있습니다. 남쪽으로 갈수록 찾기 쉽습니다.

※ 저는 산에 올랐을 때 보았는데, 지평선에 가깝기 때문에 붉게 빛났습니다.

겨울 별자리 이야기

별의 일생

겨울 밤하늘에서 별의 일생을 볼 수 있습니다. 황소자리의 뿔 끝 '게성운(M1)'은 별이 소멸하면서 대폭발을 일으킨 가스의 마지막 모습입니다. 후지와라노 사다이에의 〈명월기(明月記)〉(1054년경)에도 기록되어 있습니다.

가스의 중심에서는 새로운 별이 태어납니다. 오리온 대성운에서는 갓 태어난 푸른 별들이 보입니다. 별은 한 덩어리로 태어나서 플레이아데스성단과 같이 조금씩 떨어져 나갑니다. 태양이나 리겔, 카펠라와 같이 오랫동안 안정되어 빛난 후 소멸기에 다가가면 팽창해서 붉게 보입니다. 베텔게우스와 알데바란은 늙은 별들입니다. 언젠가 대폭발을 일으켜 거기에서 또 새로운 별이 태어날 것입니다.

오리온과 아르테미스

달과 사냥의 여신 아르테미스는 사냥꾼 오리온과 친해졌습니다. 하지만 인간의 피가 섞인 오리온을 아르테미스의 오빠 아폴론은 달갑게 여기지 않았습니다. 어느 날, 그는 여동생에게 "넌 저 작은 점은 꿰뚫지 못할 거야."라며 도발했습니다. 아르테미스는 훌륭하게 그 빛의 점을 꿰뚫었습니다. 그런데 다음날 아르테미스가 본 것은 바닷가에서 화살을 맞은 오리온의 모습이었습니다. 오리온의 몸에는 아르테미스의 화살이 박혀 있었습니다. 이에 슬퍼하던 아르테미스는 제우스에게 간청하여 오리온을 하늘의 별자리로 만들었습니다. 아르테미스는 지금도 매달 한 번 은마차를 타고 밤하늘을 돌 때마다 오리온 곁을 지나고 있습니다.

별자리 이외의 별을 즐기는 방법

유성 · 유성군

달빛이 없는 맑은 날, 전망이 좋은 장소에서 계속 하늘을 보고 있으면 유성을 볼 수 있습니다. 드물게 아주 큰 유성, 매우 밝은 유성을 볼 수도 있습니다.

유성의 정체는 별이 아니라 먼지와 같은 것입니다. 무시무시한 속도로 지구 대기로 날아들어 상공 100km 부근에서 대기와의 마찰로 인해 불빛을 냅니다. 비행기보다는 높지만 인공위성보다 낮은 곳에서 일어나는 현상입니다. 유성은 매일 몇 톤이나 떨어집니다.

유성을 많이 볼 수 있는 날이 있습니다. 주기적으로 지구에 다가오는 혜성이 남기는 먼지를 유성군(많은 유성의 집합)의 형태로 볼 수 있습니다. 지구가 향하는 방향으로 먼지가 날아오기 때문에 해 뜰 녘에 볼 확률이 높은데, 유성군에 따라 최고조에 이르는 시간은 다릅니다. 유성이 지구까지 떨어지면 운석이라고 부르게 됩니다.

주요 유성군

- **페르세우스자리 유성군**(8월 12~13일 무렵)
  여름방학이나 휴가 기간이어서 여행지 등에서 쉽게 즐길 수 있는 유성군입니다. 달이 뜬 날은 달이 없는 방향을 보세요.

- **쌍둥이자리 유성군**(12월 13~14일 무렵)
  이 유성군에서 처음 유성을 보았다는 사람도 있습니다. 한겨울 밤은 몹시 추우니 몸을 따뜻하게 감싸세요.

- **사분의자리 유성군**(1월 2~5일 무렵)
  사분의자리는 현재의 용자리 주변에 있었지만 지금은 없어진 별자리입니다. 이름만 그대로 사용하고 있습니다.

- **사자자리 유성군**(11월 18~19일 무렵)
  2001년의 대유성군을 기억하는 분도 있을 것 같습니다. 이 무렵의 숫자는 적었지만 언젠가는 큰 혜성을 볼 수 있을지도 모릅니다.

- **오리온자리 유성군**(10월 20~21일경)
  유성의 수가 늘어났다고 하는 유성군입니다. 오리온자리가 높아지면 쉽게 볼 수 있습니다. 모혜성은 유명한 핼리혜성입니다.

사자자리 유성군의 유성

※ 언제 떨어질지 모르므로 가능하면 침낭이나 매트 등을 준비하여 밤하늘 전체를 볼 수 있도록 하면 좋습니다.
※ 유성군의 정보는 천문 관련 잡지나 인터넷 등을 통해 얻을 수 있습니다.

혜성

혜성 하면 떠오르는 것이 '긴 꼬리'입니다. 그래서 한국에서는 '꼬리별'이라고도 하며, 일본에서는 빗자루에 빗대어 '비별'이라고도 합니다. 주기적으로 지구에 다가오는 핼리혜성 같은 천체도 있는데, 포물선의 궤도를 그리며 두 번 다시 지구에 다가오지 않는 혜성도 있습니다. 눈으로 보면 알 수 있을 정도의 혜성은 대혜성이라고 부르는데, 사진과 달리 솜사탕이 하늘에 떠 있는 것처럼 보입니다. 하지만 다음에 오는 대혜성은 또 다른 모습으로 보일지도 모릅니다.

혜성에는 발견자의 이름이 붙습니다. 단, 최근에는 관측기기의 성능이 좋아져, 아이손혜성이나 팬스타즈혜성 등 관측기기나 발견한 팀의 이름이 붙는 기회가 많아졌습니다.

2001년에 호주의 테리 러브조이가 발견한 '러브조이혜성'은 이름이 귀엽다는 등 밝기 이외에도 화제가 되었는데, '또 볼 수 있다고 하던데요?'라는 질문이 꽤 있었습니다. 확실히 볼 수 있지만 공전주기는 약 700년이므로 다음에 지구에 접근하는 것은 서기 2,700년이 지날 무렵입니다.

혜성의 고향은 태양계의 가장 끝에 있는 해왕성보다 훨씬 먼 오르트 구름(Oort cloud)이나

에지워스-카이퍼 벨트(Edgeworth-Kuiper belt)라고 불리는 장소에 있다고 여겨지고 있습니다. 혜성은 태양에 다가갈수록 핵이 되는 얼음과 같은 덩어리가 녹아서 꼬리를 만드는데, 지구 근처를 통과할 경우에는 우리도 볼 수 있습니다. 사진으로는 꼬리의 복잡한 모습을 볼 수 있지만, 눈으로는 어렴풋이 솜사탕 같아 보입니다. 하지만 아주 인상적입니다. 대혜성을 볼 수 있으면 좋겠네요.

헤일밥혜성

일식 · 월식

일식은 지구에서 보이는 태양이 달에 가려지는 현상입니다. 태양은 아주 크지만 지구에서는 달과 거의 같은 크기로 보이는 거리에 있기 때문에 일어나는 환상적인 천체 쇼입니다.

월식은 달이 지구의 그늘에 들어와서 가려지는 현상으로, 보름달일 때 일어납니다. 월식은 직접 눈으로 볼 수 있습니다. 쌍안경을 사용하면 색채의 변화를 더욱 즐길 수 있습니다.

태양을 볼 때는 반드시 태양 관측 전용 필름을 사용하거나 핀 홀(작은 바늘구멍)을 통해 지면이나 벽에 비춰서 보세요. 검정색 받침이나 선글라스는 적외선이 통과되기 때문에 위험합니다.

예전에 제가 개기일식을 보러 나갔던 날은 흐린 날이어서 아쉬웠지만, 개기일식 중의 변화는 지금도 잊을 수 없습니다. 개기일식 전에는 바람이 싸늘해지고 순식간에 하늘이 어두워졌습니다. 개기일식 자체는 볼 수 없었지만 그 공기를 피부로 느낄 수 있었습니다.

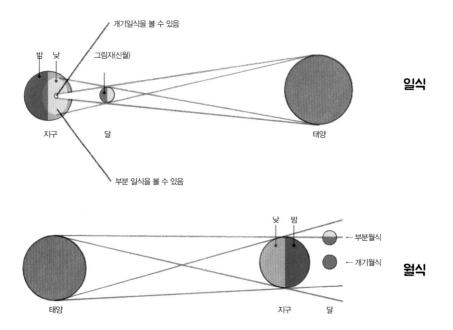

개기일식

태양이 완전히 숨기 전후로 한순간 달의 크레이터 틈으로 빛이 빛납니다. 이 아름다운 빛을 다이아몬드 링이라고도 부릅니다.

금환일식

달의 궤도는 타원입니다. 달이 지구에서 조금 멀 때는 태양을 모두 가리지 못해서 달 주위에 빛의 고리가 보입니다.

부분일식

태양이 일부분만 가려집니다. 나뭇잎 사이로 비치는 햇빛이나 작은 구멍을 통과한 빛이 똑같이 이지러져 보입니다.

개기월식

지구의 그림자에 달 전체가 들어옵니다. 지구의 대기에서 굴절된 태양의 빛이 달을 붉게 비추어 적동색으로 보입니다.

혹성

  태양 주위에는 지구를 포함하여 여덟 개의 혹성이 돌고 있습니다(32페이지 참조). 지구에 가까운 다섯 혹성은 해질녘부터 밤, 새벽녘의 하늘에 밝게 보이는 때가 있습니다. 별자리 지도에 없는 밝은 천체가 있다면 그것은 분명 혹성입니다. 혹성은 별과 별 사이를 움직이고 있습니다. 이 때문에 옛날에는 하늘에서 보낸 메시지라고 여겼습니다.

  '수성'은 태양에 가깝기 때문에 금방 저물어 볼 기회가 한정되어 있는데, 의외로 밝게 보입니다. 가능한 한 서쪽 하늘이 확 트인 곳에서 찾아보세요.

  '금성'은 황혼이나 박명의 하늘에 유달리 눈에 띕니다. 해질녘이나 새벽녘에 볼 수 있어서 '저녁별', '샛별'이라고 부르는 경우가 많은데, 모두 금성입니다(번역자 주 : 우리나라에서는 이 외에 '개밥바라기', '태백성' 등으로도 부릅니다). 동틀 무렵 전의 하늘에 보일 때는 확 눈에 띄지만 어두워지기 시작하는 하늘에서 찾는 것도 즐겁습니다.

  '화성'은 전갈자리의 1등성인 안타레스와 밝기가 비교되어 온 혹성입니다. 지구의 바로 바깥쪽을 돌고 있어서 며칠 간격으로 관찰하면 별자리의 별들 사이를 조금씩 움직이고 있다는 것을 알 수 있습니다. 또한 지구에 가까울 때면 아주 밝고 눈에 띄게 보입니다(111페이지 참조).

  '목성'은 금성 다음으로 밝은 별로, 대략 12년마다 원래의 위치로 돌아옵니다. 밤하늘에서는 노르스름한 색을 띕니다. 목성에는 60개 이상의 위성이 있는데, 그중에서도 특히 밝은 네 개의 위성은 소형 망원경으로도 볼 수 있습니다.

해질녘의 서쪽 하늘. 사자자리의 레굴루스 아래에 혹성들이 반짝이고 있습니다. 낮은 위치에서는 수성도 보입니다.

'토성'은 목성보다도 더욱 바깥쪽을 돌기 때문에 변화가 느려 약 30년에 걸쳐 원래의 위치로 돌아옵니다. 노란색 또는 크림색으로 밝게 빛납니다. 매력 포인트인 고리는 망원경을 사용하면 볼 수 있습니다.

화성은 전갈자리의 안타레스와 함께 회자되는 경우가 많은 혹성입니다. 안타레스 근처에 오면 색의 차이를 비교해 보는 것도 즐겁습니다.

화성의 접근

혹성은 타원 궤도를 그리고 있는데, 화성은 2년 2개월마다 지구에 접근합니다. 궤도의 위치 관계에 따라 아주 가까이 오는 해가 있는데, 이때를 '대접근'이라고 합니다. 그런대로 가까이 오는 '소접근'과의 밝기 차이는 마이너스 3~1등급 정도입니다. 접근하지 않을 때에도 1~2등급이어서 꽤 밝고 붉게 눈에 띕니다.

화성 접근표

최근접 날짜	화성까지의 거리	볼 수 있는 곳(밝기 등급)
2018년 7월 31일	5,759만km	염소자리(-2.8등급)
2020년 10월 6일	6,207만km	물고기자리(-2.5등급)
2022년 12월 1일	8,145만km	황소자리(-1.8등급)
2025년 1월 12일	9,608만km	게자리, 쌍둥이자리(-1.3등급)
2027년 2월 20일	1억 142만km	사자자리(-1.2등급)
2029년 3월 29일	9,682만km	처녀자리(-1.3등급)

표 출처 : 〈혹성의 기본〉

인공위성

지구 주변에는 많은 인공위성이 돌고 있으며, 기상예보나 GPS 등 우리들 생활을 편리하게 해 줍니다. 인공위성에 태양의 빛이 반사되어 지상에서 보이는 경우가 있습니다. 비행기와 달리 밤하늘의 별이 스르륵 움직이는 것처럼 보입니다. 거의 예보 위치에서 밝게 보이기 시작해 몇 분 사이에 쓱 하고 사라집니다. 국제우주정거장이 보이는 시각과 위치는 NASA의 홈페이지(https://spaceflight.nasa.gov/realdata/tracking/index.html)를 통해 알 수 있습니다.

ISS(국제우주정거장)의 궤적

ISS와 우주왕복선

2011년 7월 우주왕복선 '아틀란티스'는 마지막 비행을 마치고 지구로 귀환하여 약 30년의 역사에서 막을 내렸습니다. 미국항공우주국(NASA)이 개발하고, 135회에 걸쳐 16개국에서 355명을 우주로 보냈습니다. 한 번 사용하면 못 쓰는 것이 아니라 몇 번이고 왕복할 수 있는 유인우주선으로, 지구 궤도에 물자와 사람을 옮겼습니다. 국제우주정거장(International Space Station, 이하 ISS)의 건설에도 많은 활약을 했습니다.
ISS는 거대한 유인우주시설로, 세계의 15개 나라가 힘을 모아 건설했습니다. 상공 400km 주변을 시속 2만 8000km로 비행하며, 지구를 90분에 한 번 회전합니다. 우주비행사가 오랜 기간 머물며, 현재 다양한 실험과 연구를 하고 있습니다.

스마트폰 애플리케이션

스마트폰에는 편리한 기능이 많아 이용하는 사람이 늘었습니다. 별하늘에서 사용하고 싶다는 목소리도 많이 들려오는데, 조금 소개하겠습니다. 무료 애플리케이션도 많습니다. 이것저것 사용해 보고 자신에게 맞는 것을 찾아보세요. 하지만 편리하다고 해서 너무 많이 사용하면 배터리를 모두 써 버릴지도 모릅니다. 배터리 충전은 잊지 않고 해 두세요.

별자리를 빨리 찾을 수 있는 애플리케이션에서는 방위나 별, 별자리, 인공위성의 위치도 알 수 있습니다. 하늘에 대면 지금 보이는 별과 별자리를 알려 주는 애플리케이션도 있어서, 스마트폰으로 대략적인 예측을 하면서 별자리를 확인하는 방법을 취하는 사람도 있습니다. 별자리를 외우기 위한 별하늘의 작은 내비게이션 시스템으로 이용하는 것도 즐거울 것 같습니다. 화면이 밝으니 별하늘 아래에서 사용할 경우에는 붉은 셀로판종이를 두르거나 나이트 모드를 사용하세요.

밤에 잘 때 스마트폰을 하늘 위로 향해 사용하면 별자리가 속속 표시되어 밤하늘을 바라보는 기분에 빠질 수 있습니다.

스마트폰의 일부 애플리케이션 소개

- 별자리를 빨리 찾을 수 있는 애플리케이션 'Google sky map', 'Star walk', 'Sky Guide'

- **인공위성의 궤도를 알 수 있는 애플리케이션**
  'ISS Detector 국제우주정거장(한국앱)' 'Satellite AR' 외에도 방위자침으로 쓸 수 있는 애플리케이션 'Compass'나 달의 크레이터를 실제로 볼 수 있는 'Moon Atlas', 혹성의 궤도를 알 수 있는 'Planets', NASA(미국항공우주국)가 제공하는 정보를 열람할 수 있는 NASA 공식 애플리케이션 등 많으니 검색해 보세요.

  ※ 기종에 따라서 사용할 수 있는 애플리케이션이 다를 수 있습니다.

4

온 하늘의 별을 보고 싶어

때로는 일상을 벗어나 온 하늘의 별을 볼 수 있는 곳으로 멀리 여행을 떠나 보세요. 어두운 별까지 빛나서 별자리를 찾기 수고스러울 정도로 하늘 가득한 별에 빠져 있으면 작은 고민 따위는 날아가 버립니다.

여행을 떠나 별을 보는 즐거움

'온 하늘의 별을 보고 싶다'는 생각이 들면 별을 많이 볼 수 있는 곳으로 떠나 보세요.

장소에 따라서 볼 수 있는 별의 수는 변합니다. 별은 밤에 보이니 밤새 밖에서 지낼 수 있으면 좋겠습니다. 숙박시설이 있는 장소에 가면 추울 때나 피곤할 때 쉴 수 있어 편리합니다. 관광지라면 불빛이 많아 별을 보기 어려운 경우도 있지만, 온 하늘의 별을 볼 수 있는 장소도 있습니다.

자동차를 타고 드라이브를 겸해 나가 보세요. 맑은 밤에 생각이 나면 그대로 나갈 수 있다는 점은 자동차의 장점입니다. 아우터와 오버 팬츠, 따뜻한 음료 등, 착착 싣고 출발! 의식을 거리의 일상 풍경에서 밤하늘로 옮기면 의외로 별이 예쁘게 보이는 장소를 찾게 됩니다. 잘 모르는 장소에 갈 경우에는 여러 명이 함께 가면 안심이 됩니다. 온천이나 노천탕이 있는 장소라면 차가워진 몸을 데운 후 돌아오는 것도 즐거움의 하나입니다.

체크 리스트

☐ **달빛이 없는 밤**
보름달이 뜬 날은 산길을 달빛만으로 걸을 수 있을 만큼 밝습니다. 섬세한 별의 빛을 볼 때는 달이 뜨지 않는 밤을 고르세요.

☐ **기상예보를 확인**
맑지 않으면 별은 보이지 않으니 인터넷 등으로 행선지의 날씨를 확인해 두세요.

☐ **일몰 시간을 확인**
계절에 따라 해가 지는 시간은 많이 달라집니다. 계획을 세우기 전에 확인하세요.

☐ **이튿날이 휴일인 날을 선택**
별은 밤에 보기 때문에 이튿날에 편히 쉴 수 있는 날이 좋겠죠?

☐ **볼 만한 가치가 있는 겨울**
혹독한 추위는 각오를 해야겠지만, 겨울은 온도가 낮아 별이 예쁘게 보입니다. 밝은 별도 많습니다. 하지만 여름밤의 쾌적함도 좋습니다.

장소 선정의 포인트

☐ **조명이 없고 전망이 좋은 곳**
건물이나 나무가 많으면 보이는 하늘의 범위가 좁아집니다. 되도록 시야가 탁 트인 장소를 찾으세요.

☐ **화장실이 있고 자동차를 세울 수 있는 곳**
화장실 유무는 중요한 포인트입니다. 주차장이 있는지도 확인하세요. 밤하늘을 즐기는 사람이 모이는 장소라면 안심이 됩니다.

산속 주차장

자동차를 타고 간다면 주차를 할 수 있고 별도 즐길 수 있는 주차장을 추천합니다. 사전에 장소를 체크해 두세요.

캠핑장

오토캠핑장은 자동차를 가지고 들어갈 수 있어 짐을 옮기는 수고를 덜 수 있습니다.

바다 · 호수

파도 소리를 배경음악으로 넓은 하늘을 볼 수 있습니다. 바다는 의외로 불빛이 있으니 일몰이나 밝은 달을 바라보는 것이 좋을 수도 있습니다.

펜션

음식과 자연을 함께 즐기고 싶을 때 좋습니다. 시간에 구애받지 않고 느긋하게 즐길 수 있으며, 편안한 잠자리가 있는 것도 좋습니다.

산장 · 리조트

공기가 맑은 산장에서 보는 별은 아주 아름답습니다. 이튿날 일출도 상쾌합니다.

산이나 고원

저는 산에 올라 카노푸스를 보았습니다. 산의 날씨는 변덕스러우니 주의하세요.

나가기 전에

'그래, 오늘 밤에는 별을 보러 나가야지!' 하고 생각했지만 어떤 준비를 해야 하고 무엇이 필요한지 모르는 사람도 많을 것입니다. 여기에서 한번 천천히 확인해 보세요.

- 거리의 불빛이 적고 되도록 하늘이 탁 트인 장소를 목적지로 정하세요. 대중교통을 이용할 때는 귀가 시간을 체크하는 것도 필수입니다. 본인의 차를 이용할 경우는 목적지의 주차장을 목표로 기름을 가득 채우고 출발하세요.

- 오늘 밤은 맑을까요? 맑지 않으면 물론 별이 보이지 않습니다. 또 날씨 변화에 대비하기 위해서라도 기상예보를 꼭 확인하세요.

  아래에는 필요한 소지품을 적어 두었습니다. 행선지나 계절 등에 따라 필요한 것은 달라질 것이라 생각됩니다. 이것도 가지고 가고 싶다는 것이 있다면 이 페이지의 메모란을 노트 대용으로 쓰세요. 60, 61, 123페이지도 참고해 주세요.

소지품 체크 리스트   *memo*

- ☐ 이 책
- ☐ 회중전등(붉은색 셀로판종이도 준비)
- ☐ 살충제
- ☐ 음식
- ☐ 쓰레기봉투
- ☐ 돗자리
- ☐ 쌍안경
- ☐ 담요
- ☐ 핫팩

온 하늘의 별을 즐기는 첫걸음

'만천의 별'이란 온 하늘에 가득한 별을 말합니다. 거리에서 익숙하게 보아 온 별하늘과는 너무나도 달라 압도당합니다. 우리들은 자연의 일부라는 것을 절실히 느끼는 순간입니다.

잘 보면 익숙히 봐 오던 별자리의 주위에도 많은 별이 있는 것을 알 수 있습니다. 어두운 별로 된 별자리와 성운도 희미하게 보이니 찾아보세요.

만천의 별을 볼 수 있는 장소에서는 은하수가 보입니다. 아직 은하수를 본 적이 없는 사람도 많을지 모릅니다. 도시에서는 힘들지만 조건이 좋은 하늘에서는 지금도 제대로 볼 수 있습니다. 은하수는 겨울보다 여름에 밝게 보이니 여름 휴가철의 여행에서 산이나 고원에 나갈 기회가 있다면 꼭 밖으로 나가 찾아보세요.

주의사항 & 매너

☐ 추위 대비는 철저히

☐ 큰소리로 떠들지 않기

☐ 스마트폰의 화면은
　　아주 밝다는 점 유의하기

☐ 플래시 촬영하지 않기

☐ 라이트는 반드시 붉은색으로

☐ 불빛은 일단 아래를 향해서 켜기

☐ 사진 촬영을 하고 있는 사람 곁에 가지 않기

☐ 위험하니 뛰지 않기

☐ 차를 움직일 때는 한마디 걸기

☐ 귀갓길에는 아무것도 남기지 않도록 재확인

☐ 삼각대는 넓게 벌리기 때문에 주의

☐ 인기척이 없는 장소는 반드시 여러 명이서

별을 볼 때의 복장(아웃도어)

아웃도어에서는 목적과 행선지에 따른 장비를 갖추세요. 별하늘을 즐기는 경우, 복장은 아주 중요합니다. 추우면 편안하게 별을 볼 수 없고, 감기에 걸리거나 합니다. 다음 페이지의 일러스트를 참고로 머리, 목, 몸, 장갑, 발 등을 확인해 주세요. 앉거나 짐을 들거나 하는 경우도 많으니 복장은 조금 여유가 있는 사이즈를 고르면 피로를 덜 느낄 것입니다. 목의 보온과 121페이지의 계절별 유의사항에 주의해 주세요. 페트병을 탕파 대용으로 쓰는 것도 추천합니다(122페이지 참조).

지면이나 낙엽 때문에 젖지 않도록 가능하면 방수성이 높은 바지를 입거나 신발을 신으세요. 마음에 드는 장소를 찾으면 그대로 앉아서 별보기를 즐길 수 있습니다.

겨울은 물론 여름에도 별이 아름답게 보이는 장소에서의 밤은 생각보다 싸늘하니 주의가 필요합니다. 코디가 마음에 걸릴지 모르겠지만 별을 볼 때는 어쨌든 따뜻함과 기능성이 최우선입니다. 체온 조절을 위해서 따뜻하고 얇은 상의를 여러 장 가져가기를 추천합니다.

낮에 보는 자연 관측에도 도움이 되니 우천용 아우터도 지참하세요. 가랑비일 때는 큼직한 아우터와 오버팬츠를 입고 있는 옷 위로 그대로 푹 입습니다. 발도 아주 중요한 포인트입니다. 신발은 방한 부츠나 등산화 등 두툼한 양말과 함께 신어 비나 눈에 대비하세요. 핫팩이나 모자, 장갑이나 목도리, 레그 워머나 타이츠. 좀 과할 정도로 따뜻하게 해 두면 안심하고 별하늘과 마주할 수 있습니다.

또한 복장과 관계 없지만 만일을 위해 카메라뿐만 아니라 휴대전화의 배터리도 충전할 수 있도록 준비해 두세요.

별하늘 보기 아웃도어 패션

별은 밤에 보기 때문에 추위 대비가 가장 중요합니다. 체온 조절을 할 수 있도록 아우터를 준비하고, 아무 데나 앉아도 되는 색과 소재를 선택하세요.

봄에는 꽃샘추위에 주의

햇볕이 따뜻해지고 새와 곤충, 초목도 고개를 내미는 계절입니다. 밝은 색을 입고 햇빛을 받은 후 밤에는 꽃과 함께 별을 보세요. 갑작스런 비나 아침저녁의 쌀쌀함에 대비하여 겨울옷을 갖추면 도움이 됩니다.

여름은 통기성과 빠른 건조를 중시

낮 동안의 태양으로 덥고 땀을 많이 흘리는데, 그대로 몸이 식으면 컨디션이 나빠집니다. 또, 밤에는 싸늘한 경우가 있으니 되도록 피부가 드러나지 않는 복장을 착용하세요. 밤까지 밖에서 지낼 때는 갈아입을 속옷을 지참하면 좋습니다.

가을에는 발밑에 주의

단풍이 아름다운 계절. 낙엽이 떨어진 발밑은 촉촉이 습기를 머금고 있으니 방수가 되는 신발을 추천합니다. 촉촉한 비에 대비하여 작게 접은 겉옷도 가방에 넣어 두세요.

겨울은 따뜻함이 우선

겨울은 따뜻함이 최우선입니다. 가장 바깥쪽에 큼직한 사이즈의 상의를 걸쳐 입으면 따뜻한 공기를 감싸 줍니다. 저는 레그 워머 안쪽에도 핫팩을 붙이거나 상의의 커다란 주머니에 붉은색 라이트 등의 도구를 넣고 폭신폭신한 장갑을 끼고 별을 봅니다.

별보기 캠핑

자연 안에서 별하늘을 즐기고 싶지만 어떻게 하면 좋을지 모른다는 사람도 많을지 모릅니다. 별은 밤에 보이기 때문에 이튿날을 걱정하지 않고 즐길 수 있다면 좋을 것입니다. 별하늘을 선명하게 볼 수 있는 시간대는 심야, 개인적으로는 새벽 2시 무렵부터 새벽녘의 별하늘이 예쁘다고 느낍니다. 거리의 불빛이 거의 사라지고 하늘이 어두워지면 별이 한층 빛나 보입니다. 그대로 일출까지 즐겨 보세요. 될 수 있다면 별보기 캠핑은 어떤가요?

별을 보기 위한 특별한 도구는 필요 없습니다. 평소의 캠핑과 같은 물품이면 충분한데, 밤에 밖에서 별을 본다는 점을 염두에 두세요. 다음 페이지의 일러스트 외에 60~61페이지의 별을 볼 때 있으면 편리한 물건도 참고해 주세요. 또한 끓인 물을 페트병에 담으면 간이 탕파가 됩니다.

하지만 모처럼 멀리 여행 와서 별을 보는 것이므로 쌍안경이나 카메라가 있으면 즐거움이 배가될 것입니다. 만약 기재를 잘 아는 사람이 근처에 있다면 사용법을 배우면 좋을 거예요. 직접 자유롭게 사용하고 싶다면 한 대 정도 구입하면 앞으로 계속 여행의 동반자가 되어 줄 겁니다.

또, 차분히 눈으로 관찰하는 것도 추천합니다. 쌍안경이나 망원경을 사용했을 때에도 꼭 도전해 보세요. 소지품에 스케치북과 연필도 추가하면 좋겠습니다. 예를 들어 스케치북에 달을 그려 보면 평소보다 조금 더 자세한 부분까지 보입니다. 사진이 아니라 눈으로 보는 것을 스케치하는 것이 포인트. 세부적인 부분을 차분히 보면 사진을 촬영할 때와는 다르게 보입니다. 평소와는 다른 것을 하나 넣어 두는 것도 즐겁습니다. 정통 커피를 끓이는 것도 추천드리는데, 저는 산과 커피는 의외로 궁합이 잘 맞는다고 생각합니다. 신선한 약수를 이용해 야외에서 끓이는 차도 평이 좋습니다.

캠핑 소지품

하늘 가득 펼쳐진 별 아래에 오래 있고 싶다면 별보기 캠핑을 해 보세요.
우선은 집 근처 캠핑장에서 연습해 보는 것을 추천합니다.

텐트

짐을 보관할 용도로만 쓴다면 원터치 텐트로도 충분합니다. 쉽게 된다면 안에 두툼한 매트를 깔아 두세요.

침낭 · 매트

둥글게 마는 형태의 매트는 옮겨 다니기 편합니다. 그대로 깔거나 베개로 쓰거나 할 수 있습니다. 차에 실어 두세요.

버너

요리를 한다면 챙겨 가세요. 국물 요리는 몸을 따뜻하게 데워 줍니다.

아이스박스

여름에는 차가운 음료나 과일이 있어야 제맛입니다.

테이블 · 의자

쾌적하게 식사를 할 수 있습니다. 테이블 중앙에 작은 불빛을 켜고 여유롭게 담소를 나눠 보세요.

취사도구

이것도 필수품입니다. 되도록 쓰레기가 나오지 않도록 사전에 준비해 갑시다.

커피와 차 도구

걷다 지쳤을 때 따뜻한 음료는 피로를 풀어 줍니다. 천천히 물을 끓이고 자연에 둘러싸여 한 모금 마셔 보세요.

랜턴

불빛은 필수품입니다. 랜턴이 없다면 밝은 플래시에 비닐을 씌우세요. 불빛이 부드럽게 퍼집니다.

별보기 캠핑의 추천

우선은 행선지를 고릅니다. 한마디로 캠핑장이라고 해도 종류나 입지는 다양합니다. 별을 볼 목적이라면 물론 불빛이 적은 캠핑장을 선택하면 좋지만 가 보지 않으면 모르는 일도 많습니다. 여러 곳을 가는 동안에 마음에 드는 캠핑장이 생기면 좋겠습니다.

캠핑장 중에서는 직접 텐트를 들고 가서 치는 곳에서부터 산장을 빌려 그대로 쉴 수 있는 곳까지 다양한 유형이 있습니다. 이래저래 준비하기 어려울 것 같은 경우에는 쉴 장소는 물론이고 바비큐까지 준비해 주는 캠핑장이 좋겠습니다. 우선은 빈손으로 시작하세요. 조금씩 익숙해지면 자신에게 맞는 도구를 알게 됩니다.

힘이 있는 남성도 처음 텐트를 설치하는 데는 많은 시간이 걸립니다. 하지만 한 번 텐트를 치는 경험을 해 두면 요령을 알게 되어 점점 빨라질 것입니다. 짐을 많이 챙기지 않을 때는 원터치 텐트에 침낭만 가져가는 것도 경쾌하고 편합니다. 또한 텐트에서 자면 지면의 딱딱함이 그대로 전달되어 등이 아픈 경우도 꽤 있습니다. 두툼한 매트를 깔아 보세요. 다음 페이지의 접는 방법도 참고하세요.

텐트가 준비되면 다음은 별보기 준비입니다. 바비큐를 할 수 있는 캠핑장에서는 주위의 불빛이 신경 쓰일지도 모릅니다. 그때는 잠시 캠핑장의 불빛을 피할 수 있는 장소로 이동하여 별하늘을 만끽하세요. 단, 너무 멀리 가지 않도록 주의하세요. 안전하게 즐기는 것도 중요합니다.

불빛이 없는 장소에서 보는 별하늘에 분명 압도될 것입니다.

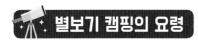

별보기 캠핑의 요령

별보기 캠핑에서 침낭은 필수. 침낭에 들어가 따뜻하게 별보기, 침낭에서 나와 느긋하게 별보기, 모두 추천합니다.

매트와 침낭 까는 방법

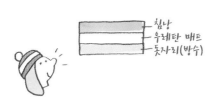

침낭에서 자면 바닥의 딱딱함이 등으로 그대로 전달되어 점점 아파올지도 모릅니다. 얇아도 되니 우레탄 매트 등을 깔아 보세요. 바닥의 습기가 전해지지 않도록 가장 아래에는 방수가 되는 돗자리를 까세요.

봉투형 침낭을 추천

몸을 감싸는 형태보다 봉투형 침낭이 편리한 것 같습니다. 두툼한 옷을 입은 채로 선잠에 들거나 그대로 들고나기 쉬운 것도 이점의 하나입니다. 아래에 깔거나 푹 걸치는 등 여러모로 활용할 수 있습니다.

지면에 앉아 별을 볼 때

짐도 줄이고 느긋하게 별하늘을 보고 싶은 경우도 있을 것입니다. 선 채로 본다면 피곤할 수 있으니 앉아서 즐겨 주세요. 작은 돗자리를 가지고 다니면 도움이 됩니다. 만약 방수가 되는 바지가 있다면 그대로 앉을 수 있습니다.

의자에 앉아 별을 볼 때

자동차 등으로 많은 짐을 실을 수 있는 사람이라면 접이식 의자를 가지고 가 보세요. 등받이가 있는 캠핑용 의자는 땅바닥에 앉는 것보다 오래 피로를 느끼지 않고 별하늘을 즐길 수 있습니다. 옮기기 쉬운 것도 장점 중 하나입니다. 침낭을 무릎 담요 대신으로 사용할 수도 있습니다.

별보기 캠핑 +α의 즐거움

별보기 캠핑을 가면 느긋한 마음으로 별을 즐기고 싶어집니다. 설치나 정리까지 생각해서 2박 3일 정도면 여유롭게 즐길 수 있습니다.

돋보기나 쌍안경, 라이트 등은 낮 동안의 자연 관찰에 도움이 됩니다. 발밑의 이끼나 꽃, 돌 등을 차분히 관찰해 보면 지구가 탄생하고 나서의 역사를 더듬는 듯한 기분이 드는 일도 있습니다. 작은 도감을 들고 가면 즐거움이 배가됩니다. 또 쌍안경은 새를 보거나 먼 곳의 경치나 나무의 높은 곳에 있는 둥지를 볼 때 등에 편리합니다. 쌍안경이나 라이트는 밤에 별을 볼 때도 도움이 됩니다.

산에 구름이 끼거나 소나기구름이 생기는 것은 날씨가 흐려진다는 신호입니다. 비행운이 깨끗하게 보이는 것도 대기에 수분이 있기 때문이니 저기압이나 전선이 다가온다는 것을 알 수 있습니다. 또 저녁노을의 색에도 주목하세요. 계절에 따라 색상도 변하는데, 특히 봄과 가을은 서쪽에 구름이 없이 깨끗한 붉은색으로 보일 때에 다음날 맑은 하늘을 기대할 수 있는 일이 많습니다. 날씨는 서쪽부터 흐려지기 때문입니다.

거미집이 질색인 사람도 많을 텐데, 아침이슬이 맺히면 맑다고 합니다. 고기압에 뒤덮이고, 해 뜰 무렵에 차가워져서 안개가 생기기 때문에 반짝반짝 빛나 보인다고 합니다. 이튿날이 맑으면 먹이를 잡기 위해서 부지런히 거미줄을 치는 등, 배우게 되는 것이 많은 것 같습니다.

자연 안에서 지내는 것은 아주 기분 좋은 일입니다. 아침이나 낮에는 산책을 하면서 도토리나 작은 벌레를 찾거나 새의 울음소리에 귀를 기울이게 됩니다.

낮에는 태양 아래에서 야외 활동을 즐기세요. 도시와는 다른 맑은 공기를 가득 마시며 재충전. 낮이나 밤이나 맑으면 좋겠네요.

등산

조금씩 식물이나 공기가 변하는 산속으로 트래킹을 즐기는 것도 좋습니다. 구모토리야마(雲取山)에서는 산장에서 숙박을 하고 일출을 본 후 하산한 일도 있습니다. 열심히 등반한 후 눈 아래로 펼쳐지는 광경은 최고의 선물입니다.

자연 관찰

계절에 따라 풍경이나 바람의 향기도 다르니 어느 계절에 가느냐에 따라 즐거움도 달라집니다. 식물이나 곤충, 새를 관찰하는 일도 재미있습니다. 돋보기나 쌍안경이 있으면 즐거움이 배가됩니다.

식사

자연에서 먹는 음식은 각별합니다. 주먹밥이나 샌드위치 같은 간단한 음식도 맛있습니다. 국물이 있다면 몸속까지 따뜻해집니다. 식재료는 손질해서 지참하는 등 쓰레기가 나오지 않도록 해 주세요.

온천

저는 홋카이도의 산속에서 노천탕을 즐겼습니다. 주위는 온통 눈이었는데, 최고의 별하늘이었습니다. 별을 보면서 온천을 즐기는 것은 어렵지만 별을 본 후의 온천도 좋습니다. 몸도 마음도 따뜻해집니다.

남십자성을 보고 싶다면

남십자성은 남십자자리에 있는 네 별의 배열입니다. 88개의 별자리 중에서 가장 작은데, 북반구에서는 볼 수 없기 때문에 동경하는 사람이 많은 별자리입니다. 저는 하와이에서 봤는데, 실은 일본의 하테루마지마(波照間島) 등에서도 볼 수 있습니다. 겨울의 새벽녘이나 봄의 초저녁 등, 보이는 계절을 확인하고 나가세요. 하늘의 남극에 가깝기 때문에 남쪽으로 갈수록 높아지며, 호주나 뉴질랜드에서는 일 년 내내 볼 수 있습니다. 비슷한 별의 배열이 있어 당황할지도 모르지만, 남십자성은 네 개의 별 사이에 작은 별이 있는 것이 특징입니다.

북반구에서는 '북십자'로 불리는 별의 배열이 있습니다. 여름의 대삼각형의 별 중 하나, 백조자리의 데네브를 포함하는 별의 배열입니다(83페이지 참조).

여름에는 높이 떠오르지만 12월 하순경에는 서쪽 하늘 낮게 보입니다. 남십자성을 보러 가기 전에 북십자도 찾아보는 것은 어떨까요?

네 개의 별 사이에 작은 별이 있습니다. 왼쪽 아래의 검은 부분은 암흑물질로 이루어진 '석탄자루성운'입니다.

5

별하늘의 사진을 찍자

보이지 않던 것이 보이는 점도 사진의 매력 중 하나인데, 촬영한 사람의 기분이 전해지는 듯한 사진은 정말로 멋집니다. 별과 풍경이 찍힌 환상적인 별밤 사진이나 별하늘을 촬영할 수 있다면 즐거울 것입니다.

별하늘을 찍는 즐거움

'천체 촬영'이라고 하면 어렵게 느껴질 수 있는데, 밝은 달이라면 스마트폰으로도 작게 찍을 수 있습니다. 천체망원경을 사용해 예쁜 달의 사진을 찍었는데, 얼마 동안 대기화면으로 설정해 두며 즐겼습니다.

하지만 역시 달을 촬영한다면 렌즈를 교환할 수 있는 일안 리플렉스 카메라를 갖추시길 바랍니다. 별 사진은 '일단 도전'이라고들 하지만 그 '기본'을 알지 못하면 도전해도 어렵습니다. 그래서 천체 사진가인 나카니시 아키오(中西昭雄) 씨에게 배운 천체 사진 촬영 포인트를 소개합니다(133~138페이지).

별자리 사진이나 경치를 배경으로 하는 별밤 사진을 찍고 싶다는 등 자신이 찍고 싶은 것을 떠올리면서 촬영에 도전해 보세요. 빛을 차분히 모아서 사진으로 찍으면 눈에는 보이지 않는 어두운 별까지 보입니다. 사진은 예술이면서 동시에 소중한 기록이라고 생각합니다.

스마트폰으로 달 찍기

'카메라는 항상 들고 다니기 어렵다', '제대로 사용할 자신이 없다', '원래부터 없다' ······ 이런 다양한 목소리를 듣습니다. 실은 스마트폰으로도 달 정도는 꽤 예쁘게 촬영할 수 있습니다. 다만 직접 달을 향해 찍으면 흐릿하거나 작게 찍히기 때문에 망원경의 힘을 빌려야 합니다. 간이 조립 키트 망원경으로도 가능합니다. 저는 스마트폰에 달 수 있는 단안경과 같은 저가형 망원경이 편하고 마음에 듭니다. 망원경의 접안부와 카메라 렌즈를 잘 맞추는 것이 포인트입니다.

덧붙여 마이크로용 클립식 소형 렌즈도 있어 눈의 결정이나 이끼 등을 촬영할 수도 있습니다. 낮이든 밤이든 아이디어를 짜내어 일상의 자연을 즐겨 보세요!

스마트폰

망원경

별하늘을 찍기 위해서 필요한 것을 소개합니다. 여기에 실려 있는 내용은 최소한의 필수품이니 필요에 따라 이것저것 더 갖추면 좋습니다. 우선은 도전해 보세요.

렌즈 후드

렌즈 전면에 장착합니다. 렌즈에 불필요한 빛이 들어오는 것을 막고, 밤이슬에 렌즈가 흐려지는 것을 방지해 줍니다.

카메라
(디지털 일안 리플렉스 카메라)

장시간 노출이나 고감도 설정을 해도 노이즈가 적은 것을 고르세요. 일안 리플렉스 카메라는 렌즈를 교환할 수 있고, 어안이나 망원 렌즈를 사용할 수 있으며, 카메라 보디를 천체망원경에 직접 달아서 촬영할 수 있는 등 별하늘 촬영의 폭이 넓어집니다.

렌즈

밝은 광각 렌즈를 추천하는데, 일안 리플렉스 카메라와 세트로 판매되는 렌즈도 괜찮습니다.

리모콘(릴리즈)

외장형 셔터 스위치. 직접 카메라를 만지지 않고 셔터를 누를 수 있어서 흔들림을 방지할 수 있습니다. 장시간 노출로 촬영하는 일이 많은 별하늘 촬영에는 필수품입니다.

운대

삼각대에 장착하고 이 위에 카메라를 고정합니다. 세로 방향과 가로 방향, 좌우로 이동할 수 있는 3way 방식이 편리합니다.

삼각대

튼튼한 것을 사용하세요. 너무 크거나 무거우면 이동하기 번거로우니 직접 손에 쥐면서 자신에게 맞는 것을 고르세요. 별하늘 촬영 시 너무 저렴한 것은 피하는 것이 좋습니다.

산광 필터(소프트 필터)

빛을 확산시키기 위한 필터로, 렌즈에 부착해서 사용합니다. 이를 사용하면 별 주위에 빛이 스며들어 크게 찍히고, 별자리의 형태나 별의 색을 잘 알 수 있게 됩니다. 별하늘 촬영에 익숙해지면 꼭 사용해 보세요.

별하늘 촬영의 기초 지식

별하늘 촬영은 주간의 촬영과는 다른 사소한 요령이 필요합니다. 하지만 디지털 카메라는 찍은 사진을 바로 확인할 수 있으니 마음에 드는 사진이 찍힐 때까지 몇 번이고 도전해 보세요.

렌즈 설정

일반적인 설정과는 달리 렌즈의 설정을 오토 포커스(AF)에서 매뉴얼 포커스(MF)로 전환하고, 흔들림 보정(STABILIZER)을 OFF에 둡니다.

카메라 설정

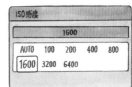

셔터 스피드(노출)를 10초~수 분으로 설정하는 일이 많으니 노출 모드를 수동 설정인 매뉴얼(M), 또는 누르고 있는 동안 계속 셔터가 열리는 벌브(B)로 설정합니다. ISO 감도는 얼마나 약한 빛까지 기록할 수 있는지를 수치로 나타낸 것으로, 값이 높을수록 약한 빛을 촬영할 수 있는데, 화질이 떨어지는(노이즈가 두드러지는) 결점도 있습니다. 밝은 달이나 별의 궤도를 촬영하는 경우에는 100~800, 별을 점의 형태로 찍고 싶은 경우에는 1600 이상으로 높게 설정합니다.

초점을 맞추는 방법

초점은 카메라 끝 쪽의 초점 링을 돌려 맞추는데, '라이브 뷰' 기능을 사용하면 편리합니다. '라이브 뷰'에서는 밝은 별에 카메라를 향하면 그 화상이 실시간으로 액정 모니터에 나타납니다. 그때 ×5 또는 ×10과 같이 확대 표시를 하면 초점이 맞는지 확인할 수 있습니다. 먼저 야경이나 달과 같이 밝은 광원을 향해 연습을 해 보세요. 라이브 뷰 기능이 없는 카메라에서는 파인더를 보며 밝은 별을 찾아 어느 정도 초점을 맞춥니다. 촬영하면 액정 모니터에서 확대하여 별의 초점이 맞는지 확인하세요. 이러한 과정을 여러 차례 반복합시다.

초점을 맞추는 데 사용하는 별은 밝은 별이 아니라 어두운 별이 좋습니다.

낮은 배율에서 별을 찾아 두고, 확대해서 초점을 맞춥니다.

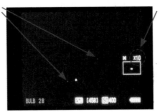

라이브 뷰 화면(캐논 EOS KissX4)

Step1 일단은 가까운 장소에서 부담 없이 찍어 보기

하늘 가득한 별 아래에서 촬영하기 위한 연습으로, 일단은 가까운 장소에서 찍을 수 있는 것부터 도전하세요. 집 베란다에서 보이는 보름달을 찍거나 불빛이 적고 시야가 트인 가까운 하천 둔치 등에서 별을 찍다 보면 꿈은 커집니다.

보름달 찍기

달은 우리에게 가장 친근한 존재입니다. 그중에서도 보름달은 아주 밝고, 밤새 볼 수 있으니 첫 촬영으로 도전해 보았으면 하는 천체입니다. 삼각대없이 손에 들고서도 촬영할 수 있고, 별 사진으로는 예외적으로 자동 초점(오토 포커스) 설정으로도 초점이 맞습니다. 표준 줌 렌즈의 초점 링으로도 모습을 찍을 수 있지만, 200mm 이상인 망원 렌즈라면 한층 잘 찍힙니다.

망원렌즈로 찍은 보름달
480mm 상당의 망원 렌즈
조리개 F5.6, ISO 200, 노출 1/250초

불빛이 적은 장소에서 별 찍기(기본)

삼각대에 카메라를 올리고, 초점을 맞춘 후 구도를 결정하세요. ISO 감도(400 이상), 조리개(2.0~4.0), 노출(10초 전후)을 설정하고 리모콘을 사용하여 촬영합니다.
조리개 값(F값)은 렌즈의 개방 정도를 나타내는 것으로, 값이 작을수록 빛을 많이 받아들입니다. 여러 가지 설정을 시험해 보세요. 도시라면 별이 조금밖에 찍히지 않지만 찍히면 성공적입니다.

하천 둔치에서 찍은 거문고자리
35mm 광각렌즈, 조리개 F4,
ISO 400, 노출 10초

※ 전체 화면을 게재하면 별을 알기 어려워 100mm 중형 망원렌즈에 맞게 조절했습니다.

Step2 ▶ 조금 멀리 나가 별이 잘 보이는 장소로

별의 반짝임은 아주 섬세합니다. 많은 별을 사진으로 남기려면 조금 멀리 나가 불빛이 적고 시야가 탁 트인 장소에 가 보세요. 시골로 가거나 고원이나 산, 바다 등으로 여행을 갈 기회가 생기면 꼭 도전해 보세요.

노을이 진 하늘에 떠 있는 초승달 찍기

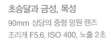

노을을 배경으로 한 초승달은 무척이나 예뻐네요. 초승달은 보름달에 비하면 빛이 약해서 촬영이 조금 어려우니 삼각대를 사용해서 촬영합니다. 표준 줌 렌즈로 지상의 경치와 함께 초승달까지 마음에 드는 구도를 잡으세요. 노출은 수 분의 1초에서 수 초 정도, 자동으로도 찍을 수 있습니다. 보름달 촬영도 같은데, 달 촬영에서는 조리개 값은 5.6 정도, ISO 감도는 200~400이 적당합니다.

초승달과 금성, 목성
90mm 상당의 중형 망원 렌즈
조리개 F5.6, ISO 400, 노출 2초

아름다운 풍경 속에서 별 찍기

하늘 가득한 별이 보이는 장소는 자연으로 둘러싸인 장소입니다. 가로등도 없고 시야도 탁 트여 별하늘 촬영에 적격입니다. 하늘 가득한 별을 사진으로 남긴다면 촬영에는 24mm 전후의 광각 렌즈가 사용하기 편하고, 조리개 값은 낮게 세팅하세요. 그리고 점 형태로 찍고 싶은 경우에는 ISO 감도를 1600~6400으로 설정합니다. 노출은 10~30초로 시도해 보세요.

낙엽송과 별하늘
24mm 광각 렌즈, 조리개 F2.8,
ISO 1600, 노출 30초

Step3 여행지의 별하늘과 유성 촬영(응용편 1)

별을 예쁘게 찍을 수 있게 되면 한 걸음 더 나아가 보세요. 여행지에서 풍경 사진을 찍는다는 기분으로 별 사진을 찍거나 유성을 찍을 수도 있습니다.

여행지의 건물과 별하늘 찍기

여행지에서의 다양한 만남은 무척이나 신선합니다. 그중에서도 별하늘과 함께 촬영하기 쉬운 것은 건축물입니다. 야간 조명이 비춰지고 있거나 거리의 건축물과 함께 찍을 수 있는 것은 달이나 혹성 등으로 한정되지만, 자동으로도 나름대로 잘 찍힙니다. 가로등에서 멀리 떨어진 장소에 있는 건축물은 별하늘과 함께 촬영할 수 있는 절호의 대상입니다. 하늘 가득한 별을 찍을 때와 같은 요령으로 도전해 보세요.

불탑과 겨울의 별자리
16mm 초광각 렌즈, 조리개 F2.8,
ISO 3200, 노출 20초

유성 찍기

밤하늘을 스윽 하고 흘러가는 한 줄기 빛의 유성. 이런 유성도 사진에 담을 수 있습니다. 사진으로 찍을 수 있는 것은 1등성 이상의 밝은 유성으로 한정되지만 그런 유성을 찍을 수 있는 절호의 기회는 8월의 페르세우스자리 유성군. 12월의 쌍둥이자리 유성군 등 유성군의 극대기입니다. 촬영 방법은 하늘 가득한 별을 찍을 때와 같은 요령으로, 그냥 계속 셔터를 눌러 주세요.

쌍둥이자리 유성군
24mm 광각 렌즈, 조리개 F2.0,
ISO 1600, 노출 30초

Step4 ## 고도의 촬영에 도전!(응용편 2)

지금까지는 노출이 수십 초 정도인 촬영이었는데, 수 분 이상의 노출로 별의 궤적을 찍거나 별하늘 중에서 찾으려는 별자리를 찾아 그것을 화면에 담아 찍을 수 있게 되면 이미 천체 사진의 베테랑입니다.

별의 궤적 찍기

별이 눈으로 보는 것처럼 점의 형태로 찍히는 것은 24mm 정도의 광각 렌즈에서는 노출 10~30초 정도까지입니다. 그 이상의 노출 시간이 되면, 즉 노출이 길면 길수록 긴 궤적(선)이 되어 찍힙니다. 이러한 사진은 환상적인 느낌인데, 지구가 자전하고 있다는 것을 실감할 수 있습니다. 촬영에는 튼튼한 삼각대를 사용하고, 렌즈에 밤이슬이 앉지 않도록 보온에 신경을 쓰는 등 여러 가지로 궁리할 필요가 있습니다.

천구의 북극 일주 운동
35mm 광각 렌즈, 조리개 F4.0,
ISO 100, 노출 15초

별자리 사진에 도전

카메라의 파인더로는 별이 잘 보이지 않지만 별자리의 위치를 이 책 등을 사용해 확인하면서 구도를 잡아 보세요. 표준 줌 렌즈라면 별자리의 크기에 맞춰 줌을 할 수 있어서 편리합니다. 별자리의 형태나 별의 색을 쉽게 알려면 이 사진에서도 사용한 산광 필터(133페이지 참조)를 사용하면 좋습니다.

오리온자리와 겨울의 대삼각형
28mm 광각 렌즈, 조리개 F2.8,
ISO 3200, 노출 15초

일출 · 일몰

별하늘 사진을 촬영할 때는 일출·일몰 시간이나 월출·월몰 시간을 알아보세요. 밝은 달이 뜨면 별을 찍기 어렵지만 달을 찍는다면 밤에 달이 떠 있는 시간이어야 합니다.

그런데 이 시간에는 정의가 있습니다. '일출·일몰'은 지평선에 태양의 윗부분이 접하는 순간의 시간입니다. '월출·월몰'은 달의 중심이 지평선에 일치하는 순간입니다. 달은 겉모습이 변하기 때문입니다.

밤은 일몰에서 일출까지입니다. 하지만 어느 순간 갑자기 캄캄해지지는 않습니다. 아침도 조금씩 밝아져서 태양이 뜨고 새로운 하루가 시작됩니다. 이 밤과 아침의 경계인 다소 어스레한 무렵을 '박명(薄明)'이라고 합니다. 제가 사는 지역에서는 일몰 30분 전 무렵에 아이들에게 귀가를 재촉하는 음악이 흐릅니다. 해질녘을 특히 '황혼'이라고 부르는 일도 있습니다. 또 '천문박명'은 하늘의 밝기가 별의 밝기보다 밝은 시간을 말하는데, 일몰 전후 1시간 30분 정도입니다.

한국천문연구원(KASI) 천문우주지식정보

한국천문연구원 천문 우주지식정보 홈페이지를 통해 일출·일몰, 월출·월몰의 시간을 쉽게 확인할 수 있습니다. 이 외에도 천문과 우주에 대한 다양한 정보를 제공하고 있으며, 역사 속의 천문현상 기록까지도 볼 수 있습니다.

한국천문연구원 홈페이지
https://astro.kasi.re.kr/

6

한 걸음 더!
쌍안경과 천체망원경

인간이 망원경으로 처음 밤하늘을 보았을 때는 감탄의 한숨을 내뱉었을 것입니다. 과학 시대에 살고 있는 우리들도 밤하늘을 망원경으로 볼 때마다 새로운 감동을 느낍니다. 쌍안경과 망원경으로 별하늘을 보는 방법을 알아봅시다.

쌍안경 · 천체망원경의 즐거움

도시에서 별을 더 보고 싶지 않나요? 사람의 눈은 눈동자의 직경이 약 7mm로 한계가 있습니다. 쌍안경을 사용해서 보면 도시에서 보이는 별의 수가 늘고, 달도 한층 다가온 듯이 보입니다. 어두운 장소에서 은하수나 성단으로 쌍안경을 돌리면 하늘이 별로 가득 채워진 듯한 느낌을 받을 것입니다. 쌍안경은 조립할 필요가 없어 언제고 간편하게 쓸 수 있어 편리합니다.

더 자세히 보고 싶다면 역시 천체망원경을 써야 합니다. 눈으로는 점으로 밖에 보이지 않았던 혹성의 모습이 변합니다. 토성의 고리나 금성이 초승달처럼 이지러진 모습도 볼 수 있고, 목성의 줄무늬도 알 수 있습니다. 뉴스 화면에서 볼 수 있는 생생한 모습을 가정용 망원경으로는 볼 수 없지만 실물만의 압도적인 존재감은 느낄 수 있습니다. 눈에 보이는 것이 다가 아니라며 세상을 보는 눈이 바뀔 수도 있습니다.

천체망원경	쌍안경	오페라 글라스
 파인더		
가늘고 긴 형태, 두껍고 짧은 형태 등 종류가 다양합니다. 위의 그림은 굴절식 망원경+경위대식 가대로, 휴대와 운반이 쉽습니다. 파인더(저배율 보조 망원경)는 보고 싶은 천체를 찾을 때 등에 사용합니다.	천체망원경과 같은 조작은 필요 없습니다. 보고 싶은 곳으로 향하기만 하면 됩니다. 시야가 넓어 찾고 싶은 별을 발견할 때도 편리합니다. 튼튼한 삼각대에 설치해서 사용하면 보기가 더 편합니다.	쌍안경보다 더 간편하게 휴대할 수 있어 편리합니다. 작은 파우치에도 쏙 들어갑니다. 탐조나 스포츠 관람 등에서도 사용합니다. 가벼워서 산길을 걷다가 경치를 감상할 때에도 사용할 수 있습니다.

천체망원경의 배율이란?

가게의 POP 등에 '300배', '500배'와 같이 쓰여 있으면 무심코 손을 뻗게 됩니다. 하지만 잠시 기다려 보세요. 어느 망원경이나 배율은 바꿀 수 있습니다. 망원경에는 밤하늘에 향하는 쪽(대물렌즈)과 눈으로 보는 쪽(접안렌즈)이 있는데, 양쪽 렌즈가 있는 주변을 잘 보면 각각의 초점 거리가 작게 숫자로 적혀 있습니다. 배율은 단순한 나눗셈으로 구할 수 있습니다(아래 참조). 즉 얼마든지 고배율로 만들 수 있습니다. 하지만 고배율인 것은 상급자에게 맡기는 편이 좋을 것 같습니다. 아주 좁은 범위를 보게 되어 천체를 찾기 어려워지고, 모이는 빛이 적어져서 상이 어두워지기 때문입니다.

쌍안경은 계산할 필요가 없지만 배율을 바꿀 수 없으니 무엇을 보고 싶은지 목적을 정하고 나서 고르세요. 시야가 넓어서 천체를 찾을 때도 편리합니다.

천체망원경의 배율 구하는 방법

배율 = 대물렌즈의 초점거리(mm) ÷ 접안렌즈의 초점거리(mm)
= 지금 보고 있는 배율

초점거리는 f 주변에 쓰여 있는 숫자입니다. D는 구경(대물렌즈의 직경)을 나타내는 숫자입니다. 구경이 클수록 높은 배율에서도 깨끗하게 보이는데, 구경이 크면 망원경도 크고 무거워 다루기 힘들어집니다. 깨끗하게 보고 싶다면 구경의 약 10배가 좋습니다. 8cm라면 80배 정도가 됩니다. 볼 대상에 따라 다르지만, 구경(mm)의 2배 정도가 배율의 한계라고들 합니다. 구경이 8cm라면 80×2 = 160배. 이 이상의 배율에서는 상이 어두워져서 세세한 부분은 보이지 않습니다. 조립이나 손질이 힘들어서 사용하지 않게 되는 것보다 편하게 사용할 수 있는 소형 망원경을 계속해서 즐기는 편이 나을지도 모르겠습니다.

※ 쌍안경의 배율은 변하지 않습니다.

초보자는 쌍안경부터

망원경은 장벽이 높을 것 같다고 생각된다면 우선은 조작이 쉬운 쌍안경을 추천합니다. 사용 범위가 넓은 데다가 여성도 간편하게 들고 다닐 수 있고, 복잡한 조작도 필요 없습니다.

만약 한 대 구입하려고 생각한다면 가능하면 전문점의 매장 직원에게 상담을 받아 보세요. 친절하게 알려 주는 매장이 좋습니다. 정교한 렌즈일수록 가격도 비싸지니 주머니 사정도 챙기세요. 쌍안경은 망원경과 달리 배율은 바꿀 수 없습니다. 단 구경이 커지면 무거워집니다. 저는 7배×50mm의 쌍안경을 애용합니다. 태양을 보지 않도록 건물 그림자에 들어가서 낮의 금성을 찾거나 밤에는 성단이나 달을 보며 즐깁니다. 베란다 난간에 팔꿈치를 대고 마음 내키는 대로 별하늘을 바라보면 눈이 커진 듯한 기분이 듭니다. 쌍안경은 입체로 볼 수 있어 느긋하게 별하늘을 떠다니는 기분에 빠집니다. 이는 쌍안경만의 묘미가 아닐까 생각합니다.

쌍안경을 들어 보세요

산개성단 묘성 (M45 플레이아데스성단)	은하수	달의 크레이터

황소자리의 어깨 주변에 별이 어지럽게 모인 듯한 곳이 있습니다. 눈으로는 여섯 개 정도의 별이 보이지만 쌍안경으로 보면 많은 별이 모여 있다는 것을 알 수 있습니다.

여름은 특히 은하수가 크고 진하게 보입니다. 산이나 고원에 나간다면 육안으로도 희뿌옇게 볼 수 있습니다. 이를 쌍안경으로 보면 무수한 별이 시야에 가득 들어옵니다. 별지도에서 은하수가 어디에 있는지 확인해 두세요.

처음 쌍안경을 사용할 때는 보고 싶은 것을 시야에 넣는 일도 어렵습니다. 이럴 때는 달이 제격입니다. 한층 크게 보이며, 이지러진 정도에 따라 보이는 모습도 달라집니다. 크레이터나 이지러진 부분을 느긋하게 즐겨 보세요.

쌍안경의 기본

여기서는 쌍안경 각 부분의 이름과 표시를 보는 방법, 기본적인 쌍안경의 사용법에 대해 소개합니다. 쌍안경은 별을 볼 뿐만 아니라 야생 조류 관찰이나 극장의 무대를 감상할 때도 사용할 수 있어 편리합니다. 꼭 기본을 마스터하고 사용하세요.

쌍안경의 사양 표시

배율은 맨눈으로 보았을 때보다 어느 정도 크게 보이는지를 나타내며, 구경은 대물렌즈의 직경입니다. 시야각은 쌍안경으로 보이는 범위를 나타내는 것으로, 대물렌즈의 중심점에서 측정한 각도를 표시하며, 값이 클수록 넓은 범위가 보입니다.

쌍안경 각 부분의 이름

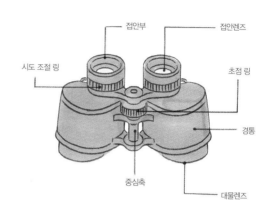

쌍안경 사용법

안폭 맞추기

안폭이란 좌우 눈동자의 간격을 말합니다. 본체를 양손으로 잡고 경통을 움직여 좌우 접안렌즈의 중심 간격을 자신의 안폭에 맞춥니다. 접안렌즈를 보고 좌우 눈으로 보이는 두 개의 원이 하나로 딱 겹치면 됩니다.

시도(視度) 맞추기
(가장 일반적인 센터포커스식인 경우)

왼쪽 눈으로 왼쪽 접안렌즈를 보면서 중앙의 초점 링을 돌려 가장 선명하게 보이는 위치에 맞춥니다. 다음으로 오른쪽 눈으로 오른쪽 접안렌즈를 보면서 오른쪽의 시도 조절 링을 돌려 똑같이 가장 선명하게 보이는 위치에 맞춥니다.

보기 편한 자세

양쪽 겨드랑이를 몸에 딱 붙이고 양손으로 쌍안경을 제대로 쥡니다. 난간 등에 팔꿈치를 대거나 벽이나 담, 나무 등에 기대어 보면 흔들림이 적습니다. 더 제대로 보고 싶은 사람은 삼각대에 부착해서 사용하세요.

※ 삼각대에 부착할 때는 비노홀더라는 전용 기구가 필요합니다.

천체망원경의 종류

천체망원경은 크게 두 종류

천체망원경은 빛을 한 점으로 모아 접안렌즈에서 확대시켜 보는 도구입니다. 빛을 모으는 방식에는 크게 두 종류가 있습니다.

☆ 굴절식

렌즈를 사용하여 천체의 빛을 모읍니다(망원경의 끝에서 중심을 보면 앞쪽에 커다란 렌즈가 있습니다). 일그러짐이 없는 커다란 한 장의 렌즈를 만드는 일은 어렵고 무거워지기 때문에 큰 것은 대부분이 다음에 소개하는 반사식입니다.

☆ 반사식

오목거울을 사용해서 천체의 빛을 모읍니다(망원경의 끝에서 중심을 보면 통 바닥 쪽에 커다란 거울이 보입니다). 섬세하기 때문에 조절이나 보관에 주의해야 합니다. 천체를 보기 한두 시간 전에는 밖에 두어 통 안의 공기를 안정시키세요.

가대(천체망원경을 올리는 장치)도 두 종류

가대는 삼각대 위에 설치하여 천체망원경을 그 위에 올리는 것입니다. 삼각대는 튼튼한 것을 고르세요.

☆ 적도의식

별하늘과 똑같은 움직임을 가집니다. 편리하지만 회전하는 축의 끝을 북극성에 맞춰 사용하기 때문에 처음 세팅을 하는 데 약간의 지식이 필요합니다. 또 경위대식보다 장치가 복잡하고 묵직합니다.

☆ 경위대식

상하 수평으로 움직입니다. 처음에는 되도록 낮은 배율로 달과 같은 밝고 커다란 천체부터 연습하세요. 지구의 움직임은 빨라서 천체가 시야에서 점점 벗어나기 때문에 계속 조정하지 않으면 별자리 찾기부터 다시 시작해야 하지만 편리함을 우선한다면 경위대식이 좋을지도 모릅니다.

천체망원경 사용하기

쌍안경으로 넓은 시야를 가지고 밤하늘을 즐겼다면, 이제는 망원경입니다. 찾기 쉬운 몇 가지를 골랐습니다. 사진과 같이 선명하게는 보이지 않지만 실물은 작아도 압도적인 존재감이 있습니다.

백조자리의 이중성(알비레오)

망원경으로 보면 두 개로 나누어져 있습니다. 토파즈나 사파이어와 같은 반짝임입니다.

거문고자리ε(엡실론)

두 개로 나누어진 별이 다시 두 개씩 보입니다. 눈사람이 서 있고 누워 있는 것 같습니다.

오리온자리대성운(M42)

새가 날개를 펼치고 있는 듯이 보입니다. 여기에서는 새로운 별이 탄생하고 있습니다.

1등성

밝아서 별자리를 찾는 연습을 하기 좋습니다. 망원경으로 보면 더욱 밝아 아름답니다(사진은 오리온자리의 리겔).

금성

달과 같이 이지러지고 차오릅니다. 밝게 보일 때는 초승달처럼 크게 이지러져 보입니다.

목성

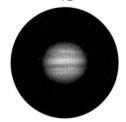

줄무늬가 보입니다. 주위에는 네 개의 위성도 있으며, 시간을 두고 보면 움직이고 있는 것을 알 수 있습니다.

토성

귀여운 고리가 보이는, 망원경으로 보고 싶은 일순위 천체입니다. 고리의 기울기는 조금씩 변합니다.

달의 크레이터

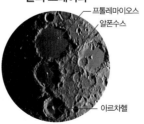

프톨레마이오스
알폰수스
아르차헬

이지러지는 경계나 크레이터 같은 달의 세부 모습을 볼 수 있습니다. 쌍안경보다 높은 배율로 보는 달을 즐겨 보세요.

구상성단 M13

M13은 헤라클레스자리에 있는 구상성단입니다. 폭신폭신한 털실 뭉치처럼 보입니다.

Epilogue

신화나 별자리를 좋아하는 사람, 천문학에 흥미가 있는 사람, 시공이란 무엇인가라는 철학적인 사고를 하는 사람. 이 책에는 별을 보면서 여러분은 무슨 생각을 할까 상상하면서 다양한 양념을 쳤습니다. 캠핑장에서 별을 보고 싶다는 사람을 위해 캠핑 방법 등 실천적인 내용도 덧붙였습니다.

여럿이서 모여 별을 즐기는 것도 좋지만 혼자 조용히 즐기고 싶은 사람도 있을 것 같습니다. 하지만 어디부터 시작해야 할지 모른다거나, 역시 장벽이 높다고 생각할 때는 책 안에서 함께 별하늘을 펼쳐 보아요. 책은 내킬 때 자유롭게 즐길 수 있습니다.

별자리를 통해 고대 메소포타미아나 고대 이집트 시대로 생각을 뻗치면 별하늘의 인상이 또 다르게 느껴질지 모릅니다. 별하늘은 무한히 이어져 있습니다. 공간뿐만 아니라 과거와 미래로도 이어져 있습니다. 먼 미래에 인공지능도 별하늘을 인식하는 날이 올까요? 별자리는 어떤 역할을 담당할까요? 저는 별하늘을 올려다보면 칠흑 같은 어둠에 두려운 감정을 느낍니다. 이 감정은 무엇일까요? 별빛을 바라보면서 계속 배우고 생각하고 싶습니다.

마지막으로 편집을 담당했던 호자카 나쓰코(保坂夏子) 씨, 나카노 히로코(中野博子) 씨, 다음 번에는 꼭 해먹에서 별을 보아요! 예쁜 일러스트를 그려 주신 다카하시 유미(高橋ゆミ) 씨, 아리도메 하루카(有留晴香) 씨, 디자인을 해 주신 이노우에 나오코(井上直子) 씨, 마쓰나가 미치(松永路), 그리고 나카니시 아키오(中西昭雄) 씨를 비롯해 아름다운 사진을 제공해 주신 여러분에게 정말로 감사드립니다.

저녁 하늘의 금성과 수성, 새벽녘의 목성, 화성을 보면서……

고마이 니나코

찾아보기

참고 문헌

「천문연감」 세이분도 신코샤

「일본의 별」 노지리 호에이(추오코론샤)

「STAR NAMES」 Richard Hinckley Allen(DOVER)

「그리스 신화 상·하」 구레 시게이치(신초분코)

「그리스·로마 신화」 고즈 하루시게(이와나미신쇼)

「그리스 신화의 세계관」 후지나와 겐조(신초센쇼)

「별자리 순례」 노지리 호에이(세이분도 신코샤)

「별자리의 전설」 구사카 히데아키(호이쿠샤)

「별자리의 문화사」 하라 메구미(다마가와센쇼)

「별의 신화·전설」 노지리 호에이(고단샤가쿠주쓰분코)

「일본 별이름 사전」 노지리 호에이(도쿄도슛판)

「흐린 날의 천문학」 리카넨표도쿠혼(마루젠주식회사)

「달」 고자이 요시히데(이와나미신쇼)

「하늘과 달과 달력」 요네야마 다다오키(마루젠주식회사)

「그리스 신화를 아시나요」 아토우다 다카시(신초분코)

「별과 생물들의 우주」 히라바야시 히사시·구로타니 아케미(슈에이샤신쇼)

「디지털 카메라로 천체사진 찍는 방법」 나카니시 아키오(세이분도 신코샤)

「혹성의 기본」 무로이 교코, 미즈타니 아리히로(세이분도 신코샤)